American Academy of Pediatrics
DEDICATED TO THE HEALTH OF ALL CHILDREN®

美国儿科学会
实用喂养指南

全新修订 第2版

〔美〕劳拉·A.杰娜　〔美〕杰尼弗·苏◎著

徐　彬　高玉涛　王　晓等◎译

U0391179

北京科学技术出版社

著作权合同登记号 图字：01-2016-0099

图书在版编目（CIP）数据

美国儿科学会实用喂养指南：第2版 /〔美〕劳拉·A.杰娜，〔美〕杰尼弗·苏著；徐彬，高玉涛，王晓译. —北京：北京科学技术出版社，2017.5（2023.8重印）

ISBN 978-7-5304-8827-0

Ⅰ.①美…　Ⅱ.①劳…②杰…③徐…　Ⅲ.①婴幼儿—哺育—基本知识　Ⅳ.①TS976.31

中国版本图书馆CIP数据核字（2017）第022865号

责任编辑：路　杨
责任校对：贾　荣
装帧设计：天露霖文化
责任印制：吕　越
出 版 人：曾庆宇
出版发行：北京科学技术出版社
社　　址：北京西直门南大街16号
邮政编码：100035
电　　话：0086-10-66135495（总编室）　0086-10-66113227（发行部）
网　　址：www.bkydw.cn
印　　刷：三河市国新印装有限公司
开　　本：889 mm×1130 mm　1/16
字　　数：230千字
印　　张：17
版　　次：2017年5月第1版
印　　次：2023年8月第9次印刷
ISBN 978-7-5304-8827-0

定　　价：69.00元

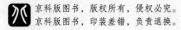

What People Are Saying 读者评论

这本书的两位作者，既是儿科医生，也是孩子们的妈妈。她们将儿科学、营养学、心理学的前沿知识，和实际的育儿生活相结合，为读者提供了一种乐观向上且现实可行的喂养方法。无论你面对的是挑食的孩子，还是超重肥胖的孩子，这本书都会为你提供科学的建议，让你在与孩子做计划、做准备以及分享食物时做出最佳决定。让孩子们开心地吃起来吧！

——坦亚·雷蒙·奥特曼，医学博士，美国儿科学会会员
著有《美国儿科学会育儿百科（0～5岁）》等畅销书

这本书为整日担心自己的孩子是不是吃得过多、吃得不够或不吃蔬菜的父母提供了说服力强的实用建议。

——黛安·德布罗乌那，《父母》杂志副主编

作为一名儿科医生，我可以轻轻松松地跟父母说如何才能让孩子健康饮食，但当我把这些知识用在自己孩子身上时却是迥然不同的另一回事！所以当劳拉·珍娜博士和詹妮弗·舒博士修订了这本无价宝书时，我兴奋不已。对于每一位来找我咨询诊治的父母，我都希望送给他们一本，还要再给自己留一本，放在厨房里随时翻看。

——大卫·L·希尔，医学博士，美国儿科学会会员

这是一本极棒的书！帮助父母在孩子应该吃什么与喜欢吃什么之间找到了一个平衡点。

——丽莎·辛格·莫兰，iVillage.com 高级编辑
孕期和育儿版负责人，《Baby Talk》杂志前执行主编

Second Edition 第 2 版致谢

现在我们如此关注育儿中的营养问题，并且积极宣传这方面的知识——在很大程度上是因为这本书的第 1 版反响巨大。而更重要的原因是，我们认为现在的家长比以往任何时候都需要这些建议。在与美国儿科学会、国家级媒体以及我们居住的社区合作时，我们意识到要做的事确实还有很多。

对于几年前我们感谢过的那些人，今天我们仍然感激不尽。现在我们还想向那些在台前和幕后孜孜不倦努力的同事表达谢意——他们帮助父母们解决育儿过程中的营养挑战，让父母们再无后顾之忧。

致桑迪·哈森克博士（任职于杜邦儿童医院）和比尔·迪茨博士（疾病控制和预防中心营养和运动部主任）：你们激励了我们。

致米歇尔·奥巴马和她的竞选团队，以及所有社区或学校所做的努力，还有每一位致力于儿童健康的人：我们为你们加油！

First Edition 第 1 版致谢

我们两个都有孩子，而且还有工作，如果没有下面这些人的帮助，我们无法完成此书：赶来救急的保姆，在我们写作的关键时刻邀请我们的孩子去玩的亲戚，帮忙打扫车道的邻居，还有不会因为我们很久不联系而误解我们对他们不敢兴趣、知道我们是醉心于工作的朋友们——我们要感谢各位的鼓励和支持。

我们要特别感谢劳拉的导师本杰明·斯波克博士。他是 20 世纪最具影响力的人物之一，他的见解以及立志于帮助父母抚养出健康快乐的孩子的承诺一直激励着我们。

我们还要特别感谢劳拉的母亲朱恩·奥斯本博士。奥斯本博士是一名儿科医生，她很早就深信我们有必要写这样一本书，并且一直鼓励我们写完它。这本书的写作过程极其漫长，最终完成后，她一页一页地阅读，确保没有任何字词错误、所有的语句都通顺。

我们还要特别感谢坦亚·雷蒙·奥特曼博士，她是一名优秀的儿科医生，也是我们的好朋友。她在繁忙的工作之余，精心审阅了我们的多份初稿。

我们要感谢所有我们照顾过、喂过饭的孩子，所有这些孩子都为本书提供了最佳研究资料。还要特别感谢我们自己的 4 个孩子，现在，他们都可以阅读我们写的这本书了。多年来，他们让我们时而忍俊不禁，时而自愧不如。此外，作为儿科医生，我们感谢所有在诊疗过程中遇到的孩子们，从他们那里我们学到了很多。

如果我们不向美国儿科学会营销和出版部的员工致以感谢那就太说不过去了，我们要感谢莫琳·德罗萨、马克·格兰姆斯、杰夫·马奥尼、凯西·朱尔、凯特·拉尔森和卡罗琳·科尔巴巴。这本书能被美国儿科学会出版我们深感幸运。美国儿科学会致力于提高所有儿童的健康，成员包括身处高层的执行主任埃罗尔·奥尔登博士以及基层的 6 万多名成员，他们构成了世界上最大的儿童健康组织。

最后一点，也是很重要的一点，谈到在日常生活中喂孩子吃饭（还有帮助他们写作业、阅读以及接送他们），我们最为感激的是亚历克斯和艾吉奥——他们分别是我们俩无私奉献的丈夫。我们写作时，他们拿出很多时间、付出了极大的耐心做这些事情。

Table of Contents 目录

Part 1

你的喂养态度

Chapter 1
引人深思的事

喂养冲突每天都在发生

为什么孩子一看到盘子里有一丁点儿绿色蔬菜就哭着喊着不吃饭呢？为什么新手父母连给孩子盛饭都手忙脚乱、不知所措呢？为什么买了那么多最新的喂养指南，生活还是一团糟呢？如果你也曾为这些棘手的问题烦恼，那么恭喜你，这本书绝对是为你排忧解难的首选。如果你还没想到这些，我们敢打赌，你在寻找喂养指南的路上会越走越远。我们坚信，一旦你对目前面临的挑战有了基本认识，辅之以深刻见解，佐之以有效战术，你一定会在喂孩子吃饭的过程中战无不胜。如此一来，你就可以塑造影响孩子一生的健康饮食习惯了。

我们之所以写作这本书，是出于以下几方面考虑。首先，我们希望大家对本书要探讨的话题重视起来——因为喂养引发的各种挑战已经成为育儿生活中的头号困扰；其次，我们希望这本真正涉及婴幼儿喂养方法和饮食习惯的书能让你的育儿生活如释重负。因为，在美国喂养大战已经到了不容忽视的地步，几乎每个家庭每一天都会上演。孩子的各种饮食问题需要一本书来解决——我们既是儿科医生，同时也为人父母，对此责无旁贷。我们深入到社区和家庭中进行调研，了解喂养大战发生的原因，寻找解决的方法。

饮食诱惑无处不在

现如今养个孩子真是不容易：各种饮食陷阱层出不穷、危害十足，各种饮食诱惑接二连三、风险极高。找出这些潜在的危害并不是最终目的，明白这些陷阱在孩子的饮食过程中无处不在才是重中之重。

在过去的几十年里，人们食用快餐量占总饭量的比例从不到10％提高到近25％；与此同时，人们从汽水或果汁中摄入的能量占总能量的比例也提高了近100％；含盐零食的摄入量增加了1倍。就算是面包圈，也变成了超大个儿的，少说也比25年前的面包圈多了200卡路里热量。因此，美国人的肥胖比例也在跟着持续增长。

肥胖问题日益严重

不管你对这些蹭蹭上涨的数据持什么态度，现实都不容忽视——现在有近1/3的成年人（也就是7000多万人）被列为肥胖症患者。同时，我们也知道，如果父母患有肥胖症，孩子也会有80％的可能性变得肥胖。据估计，美国已有1/5的孩子步父母后尘，成为肥胖儿童。营养不良、超重、肥胖等各种健康隐患正在逐渐显露，由此引发的高血压、糖尿病、心脏疾病、饮食功能失调和中风等问题，更是不一而足。

为什么我们会在一本培养儿童健康饮食习惯的书中讨论成年人的肥胖问题呢？答案你我都心知肚明：因为两者密不可分。虽然家长咨询的都是孩子的问题，可是我们每次准备解决孩子问题的时候，讨论的却都是最常见的饮食习惯。这些习惯不论老幼，人皆有之。想想看，如果父母连自己的饮食习惯和腰围都控制不住，还怎么奢望能教育孩子呢？孩子在生活中可不止效仿家长的某一方面。家长体重超标的时候，孩子的各项生长指数其实在不知不觉中也早已超标了，至少体重是早就破纪录了。

☕ **现实很严峻** ☕

美国疾病控制和预防中心报告称，现在美国超重儿童的人数已增至 1980 年的 3 倍，2 岁以上的孩子将有 1/3 超重，其中每 5 个超重儿童中将有 1 个患肥胖症。

现在你该明白了吧——形势就是这么严峻，但是我们并没有因此而放弃希望。按照我们建议的方法慢慢来，就能避免在喂养孩子的时候陷入麻烦。就算已经陷入麻烦，也能帮助你和孩子尽快脱离苦海。如果连这点儿信心都没有，我们也不必费心写这本书了。形势虽然严峻，但我们绝不束手就擒、听之任之。我们决定一探究竟：家长们到底怎样做才能防止孩子（也希望是家长自己）成为肥胖大军中的一员。

这本书能提供什么帮助

在这本书中，我们提供了一套切实可行的方法来满足孩子的营养需求。不管你是给孩子做第一顿饭，还是给全家人做大餐，我们都希望你将这些实用的方法运用到现实生活中。不仅如此，我们要强调的是，这本书不仅是一本喂养指南，更是一本关于儿童教育、学习、行为和发展的综合指南。亲子两代交战，与父母的职业和文凭无关：说服孩子睡前不喝奶，让他们乖乖吃下豌豆，让他们安静地坐着吃饭，或者就是简单地让他们张嘴尝尝新味道……如果你不能搞定这些，就算你有医学博士的文凭，就算你是营养学博士，就算你是世界上最好心的父母，全都白搭。与其他儿童营养类书籍不同，本书在谈及日常生活中的喂养问题时，给出了大量经过实践检验的育儿技巧，保证真实有效。这本书看起来写的全都是亲子之间的胜败输赢，其实并不尽然。我们真正的目标是：尽可能减少亲子之间因为喂养而发生冲突的情况，保证一家人能够和平进餐。

■ 及时为你敲响警钟

父母都会遇到"半夜该不该给孩子喂奶""睡前该不该给孩子加餐"这样的困惑，现在的问题是：这些喂养行为是什么时候演变成坏习惯的，从来没有人能给你一个确切的答案。大多数情况下，家长总是用食物来安抚哭闹的孩子，殊不知很多坏习惯正在悄悄形成。虽然我们不敢擅自给你制订一张明确的时间表，告诉你何时应该住手，以免陋习难以根除，但我们确实想在你的行为将要形成不良习惯的时候，为你敲响警钟。

■ 让孩子胃口大开

老话说得好："给孩子有营养的食物是一回事，让孩子吃下去就是另一回事了。"这话说得一针见血，我们写这本书的目的，很大程度上就是为了刺激孩子的食欲。很多育儿书说给孩子吃一些维生素和矿物质补充剂就能保你高枕无忧，但事实并非如此。我们希望这本书能够引起家长的兴趣，进而帮助家长建立起一套更为全面的方法，培养孩子健康的饮食习惯，这些习惯会伴随孩子一生。

我们强烈建议家长摆正自己的位置：你就是孩子未来成功的播种者。你可能已经发现，让孩子养成健康的生活习惯，绝不是一朝一夕的功夫，也不是一锤子买卖。养育孩子可不是个一蹴而就的活儿，总会不断出现这样那样的问题：你今天播种浇水了，明天千万不要灰心丧气。小苗还没长出来，哪有时间唏嘘哀叹？想要孩子表现良好，可得下一番苦功夫来培养。虽然我们的初衷是指导你走上一条营养（和行为方面）的启蒙之路，但如果你因为孩子把饼干渣和牛奶洒了一地这种小事而叫苦不迭，这本书绝对也能派上用场。

■ 让家人多在一起吃饭

撇开其他因素来讨论孩子的饮食习惯和营养状况是行不通的，孩子能主动学到什么，或者有能力做到什么，这些都是未知数。在这个习得的过程中，并非只有孩子的行为方式和成长发育起关键作用，家庭的生活方式也是一个不可或缺的影响因素。当我们想在这本书中把意见汇总一下的时候，我们的视野并没有仅仅局限在餐桌上。因为不管是限制孩子吃快餐、看电视，还是打理日常工作生活中满当当的琐事，我们要提防的是生活大舞台的各个角落。

　　我们的目标是帮你看清生活方式到底是怎样影响家庭饮食习惯的。主动权交到你手里，如果能改变什么的话，你想改变什么呢？在安排饮食的过程中，我们很少将一家人一块儿吃饭考虑进去。家人能够一直坐在一起吃饭确实不太容易。一项近20万儿童和青少年参加的大型研究发现，每周至少跟家人吃三顿饭的人，超重的概率会减少12%，吃垃圾食品（如快餐、油炸食品或甜食）的概率会降低20%，更喜欢吃水果、蔬菜和其他健康食品的概率会增加24%；隔三差五不吃饭，用泻药、减肥药或者抽烟等饮食恶习来减肥的概率会降低35%。换句话说就是：家人多在一起吃饭，恶习才能靠边站！

行动起来吧

　　在日常的育儿生活中，很多喂养大战都是不必要的。这本书中的作战计划就是专为顺利进餐而制订的：不管是孩子坐在高脚椅子上吃饭的时候，还是一家人围着餐桌吃饭的时候，我们都要将这些切实可行的饮食理念付诸实践。我们发现，在育儿挑战中屡屡获胜的父母无不感激这套作战方案。所以，我们信心倍增、锐意进取，争取为你私人订制一套行之有效的喂养战术。

Chapter 2

成功喂养的基本原则

　　不得不承认，儿童肥胖症正在逐渐逼近我们的生活。在与肥胖症做斗争的过程中，下功夫防止孩子变胖是一回事，工作一天回来，你有没有精力料理孩子的饮食又是另一回事：你得时刻看着刚学会走路的宝宝，他们明明需要人喂却总是执拗地要自己吃东西；你得把奶瓶或者吸管杯收拾起来，防止他们捣乱；你还得到超市给孩子买吃的——尽管心灰意冷，知道孩子可能不会吃自己挑的任何一样东西，你还得硬着头皮一样一样地挑。知道自己该干什么、该买什么、该喂什么已经是向正确的方向迈出一大步了，可是怎样将自己的喂养计划付诸实践并取得成功就另当别论了。

　　我们第一次着手处理父母最常见的喂饭窘境，并想总结一下怎样预见并解决种种难题时，遇到了出乎意料的挑战——我们原以为把这些喂养问题分门别类地整理出来，然后逐一解决是件很简单的事情，可后来发现不管是睡前喂孩子喝奶还是喝苏打汽水，不管是喂孩子吃绿色蔬菜还是吃番茄酱——每次我们想解决某一类饮食风波的时候，问题总是层出不穷。之前我们认为解决这些问题的方法必定各不相同，但实则不然。从本质上说，我们一次又一次给出的建议都是相似的。既然如此，好，无须赘言，我们直接总结了 10 种适用于一切饮食问题的基本原则。在今后培养孩子健康饮食方面，为人父母的你，记得要为孩子树立榜样啊！

■ 原则1：不在吃的问题上和孩子大动干戈

父母总想搞明白怎样不跟孩子针锋相对就能教会他们健康饮食，因为有一半的亲子大战是由喂养问题引起的。对，我们有意称之为"大战"，是因为很寻常的让孩子吃饭，眨眼间就可能恶化成亲子间的争斗。你要记住，不要在吃的问题上和孩子大动干戈。如果能做到这一点，你就不会像以前那样心力交瘁、失落沮丧，活脱脱像个失败者了。

人生苦短，犯不着为吃饭问题和孩子吵上一架。而且在吃的问题上和孩子大动肝火，即使一次两次获胜，从长远来看，很有可能以失败告终。没有什么比让不好好吃饭的孩子张口吃饭更让人伤脑筋的了，但我们看到执拗的妈妈们仍旧在不断地尝试。在吃饭问题上，家长最好先跟孩子说清楚自己的基本原则，然后尽可能冷静地贯彻下去。孩子吃不吃、什么时候吃、吃多少，都不是你要决定的事，你的任务就是保证给孩子提供各种各样营养丰富的食物。

■ 原则2：吃什么不仅与营养有关

很多时候，引发喂养大战的原因表面看是吃什么、吃多少，实际上有更深层的诉求。食物可能与你对孩子的期望有关，也可能和好习惯、坏习惯的形成有关。我们不能因为讨论的是食物，就忽视了喂养过程中的其他因素。事实上，大人和孩子都会在喂养的过程中有所学习、有所成长。父母和孩子呈现在餐桌上的绝对不只是简单的吃吃喝喝，抓住饭桌上的机会，培养孩子健康的饮食态度也不容忽视。

说起孩子厌食，你必须得知道，吃东西尤其能激起孩子的反叛天性，他们很喜欢挑战别人的忍耐极限。因此，孩子偶尔跟你对着干（或者直接拒绝吃饭）的时候你要有心理准备。就算吃饭的过程充满挑战，你也要时刻提醒自己：孩子用拒绝的方式坚持自我是再正常不过的了，你恰恰可以利用孩子厌食、闹脾气、吃饭不守规矩的时机来教孩子认识更多的食物，培养孩子的餐桌礼仪。

最后考虑到你在过去的人生中已经积累了很多与食物有关的想法，不管是你自己领悟的，从老一辈那里学来的，还是文化大环境下耳濡目染习得的，在这些想法中，有的会让你觉得自己吃的每一口饭、喝的每一滴水都意义非凡，但其实有时候吃多吃少并没有你想得那样重要。我们强烈建议你在教育孩子的过程中摈弃这些想法，以免因小失大。

■ 原则3：不要让孩子看到你招架不住

一说到喂孩子吃饭，家长多多少少都会有些压力。很多人会说"没事儿，不用担心"，可是多年的经验告诉我们，如果没有为人父母的那份冷静执着，到最后你很有可能招架不住。孩子会不断考验你的耐心，你一定要沉住气、坚守住立场。我们建议你在给孩子喂饭的时候，最好学会装作若无其事（这招儿在解决各种各样的育儿问题时基本上都行得通），特别是在你把自己认为最好的东西摆在孩子面前的时候，效果更佳。你可以在孩子想吃一些绝对不应该吃的东西，或者孩子对你呈上的饭菜毫无胃口的时候试试这种方法。

刚给孩子添加辅食的时候，为了能让孩子吃完一碗米粉，你不知道下了多少功夫，可孩子似乎感受不到你的一番苦心。相反，他们会感觉有压力（虽然这种压力随着年龄增长会逐渐消失）。这种排斥现象在蹒跚学步的婴儿，或者再大一点儿的孩子中更为普遍。如果孩子吃完了一颗小包菜，你可千万别得意忘形。一旦让他们发现你有多欣喜，他们今后就可能有多闹腾，尤其是孩子睡觉之前想吃零食的时候。我敢跟你打保票，他们会跟你讨价还价、以身试法。孩子会不断挑战你的极限，这时候你千万要沉住气、坚守住立场！

■ 原则4：饿了才吃，渴了才喝

饿了才让孩子吃，这招儿很重要。不要在孩子吃饱喝足的时候给他吃的，也不要因为你做完了饭就让他吃。听起来简单，是吧？获取食物本是人类为满足自身需求与生俱来的能力，但实际上，成年之后甚至是更早之前，这些与生俱来的内在驱动力早就

被一些外部因素取代了。大多数人并不是因为饿了渴了才吃喝，不知不觉中，我们也开始让孩子跟着这么做，甚至是在婴儿时期就开始这么要求孩子。可以负责任地讲，传说中的"凡上大一，必长15磅"的现象，其根源并不在于学生们胃口更大了，也不是因为他们吃得更好了，长胖更多的是因为新生进入大学后没有节制的胡吃海喝造成的。看电影根本用不着搭配爆米花，橄榄球迷们要是不在"周一橄榄球之夜"顺便吃个汉堡薯片、喝罐啤酒什么的肯定比现在瘦。哄孩子睡觉啊、允许孩子睡前喝奶啊、用食物奖励孩子的良好表现啊，这些都是你养育子女的习惯。我们希望你能够认识到，这些习惯本质上跟看电影吃爆米花之类的陋习并无一致，就算有，差别也不会太大。

家长给孩子吃的，有时出于安抚孩子情绪的目的，有时是为了奖励孩子的良好表现，说白了有时候家长就是为了自己省事儿。不论何时，你都要意识到，大多数积重难返的饮食习惯都是从幼年时期形成的——从喂孩子第一口母乳或者第一口奶粉的时候就开始了。意识到这点，以后不管是给孩子喂奶还是给孩子吃甜食，你就会以一种新的眼光来审视这些林林总总的饮食现象了。

■ 原则 5：如果出师不利，那就再来一遍

这可能是个说起来最容易、坚持下来最难的原则了。毕竟，对一个普通人来说，做到屡屡碰壁还不灰心，确实很不容易。话虽如此，可是孩子的饮食技能就是这么一次次磨砺出来的啊。正如我们之前提到的，每次孩子的良好表现都应视为学习的范本。毕竟，孩子学会嚼食下咽需要时间，学会用杯子喝水、用勺子吃饭需要时间，连学会安静地多坐一会儿都需要时间。

你得明白，教孩子吃饭、喝水其实要用跟教他们念 ABC 一样的策略。你不用等到孩子上托儿所的时候让老师教，你也不用等到孩子会唱字母歌的时候再开始教。实际上，多数父母在孩子牙牙学语之前就开始哼着玩了，一遍一遍地重复，一遍一遍地鼓励，孩子一开始可能跟不上、唱不对，遇到 l-m-n-o-p 连在一起就唱不出来了，但是最后他们不都学会把 a 和 b 拼成词了吗？

孩子拒绝吃饭跟食物本身也有很大关系。因此，我们要以一种积极向上、不怕困难的精神迎接挑战。孩子在接受一种新的口味之前，你可能得喂十几次甚至几十次。知道了这些，孩子再三拒绝吃饭的时候你就能释怀了。此时家长要做的就是：学会忍耐。成功的衡量标准并不是你尝试了多少次，也不是最终孩子吃下了多少饭，我们的最终目标是：孩子心甘情愿地张嘴吃饭。

■ 原则6：萝卜白菜，各有所爱

父母想教会孩子不挑食，这个想法一点儿没错。可父母们摩拳擦掌、跃跃欲试的时候，总是碰一鼻子灰。为什么会这样呢？因为大家经常会忽略这样一个事实：没有几个人能做到对一切事物来者不拒。连家长自己都有不同的好恶，孩子对食物有自己态度也就不足为奇了。我们敢说，孩子决不会全盘接受你的口味好恶。当然，随着时间的推移，有些口味会慢慢被孩子接受（比如说蓝纹奶酪、柚子、洋葱等），但是有的食物永远入不了孩子的眼。就拿劳拉来说吧，她一点儿都吃不惯煮熟的胡萝卜；可是珍妮弗呢，她对生的胡萝卜反而是敬而远之。

■ 原则7：你自己先做好

开始于孩童时期的饮食活动，很有可能在孩子成年后变成一种习惯。此时是个绝好的机会，让我们一探究竟：你到底在吃什么，什么时候吃的，在哪儿吃的，为什么你要这么吃。我们敢打赌，你的那些饮食习惯肯定经不起这么仔细的盘问。2011年的一项研究表明，与那些没有小孩的父母相比，有孩子的父母锻炼得更少，饮食结构也更糟糕。当然，你也可以借这个机会审视一下自己的饮食模式，不是简单地判断这个模式健康与否，而是这套模式是不是你想让孩子拥有的。你的所作所为，孩子可都看着呢。与此同时，还有帮你照看孩子的其他人，他们的饮食习惯，你也不能大意，因为孩子跟他们一块吃饭的时候肯定也会依葫芦画瓢。

如果你自己（或者其他监护人）常年吃话梅，还奢望孩子能吃得健康，这不是天方夜谭吗？如果家长还没有改变自己的饮食模式，我们建议你和孩子一道携手前进、并肩作战。你把自己的那些令人不太满意的小嗜好、坏习惯或者对某些食物的反感情绪先隐藏起来，别让孩子看到。一旦孩子在耳濡目染中形成了自己的偏好，再让他们接受那些嗤之以鼻的食物就没那么容易了。

■ 原则 8：眼不见、心不想

要培养孩子良好的饮食习惯，"眼不见、心不想"这招儿可不是长久之计。但是，对于小孩子来说，这个权宜之计还是相当奏效的，因为他们总是看见什么就想要什么。此时，孩子还不能理解什么叫"延迟满足"，那就更别指望孩子在得不到自己想要的东西时还能听父母的话了。

所以，不管是睡前奶粉还是泡泡糖，如果你不想让孩子吃，就不要把这些东西放在他们看得见的地方。你也不希望孩子讨要糖果吃吧？那你就不要把糖果带回家。你也不想孩子老在超市里跟你纠缠吧？绕过饼干区，避免在糖果区排队结账不就行了吗？而且电视看得越少越好，因为孩子接触到的电视广告量真是大得惊人，广告里的东西能不吃就尽量别让孩子吃，能不喝就尽量别让孩子喝。

■ 原则 9：乐在其中

喂孩子吃饭绝对是新晋父母日常生活中的重头戏。从最开始挑选食材、采购食材，到准备晚饭、把饭摆上餐桌，再到把饭喂进孩子嘴里，最后把桌子收拾干净，针对每个环节我们都挑选了相应的话题来讨论。当然在这一过程中遇到的种种挑战，我们也给出了相应的对策。我们这么做并不只是为了帮你先发制人，也不是为了帮你成功避开随时可能发生的喂养大战，我们希望你在解决问题的时候能够真正地乐在其中。

当你全副武装准备投入战斗的时候，我们想给你提个醒：如果你在吃的问题上小题大做，就没法享受其中的乐趣了。让孩子帮忙打理一下菜园吧，让他帮厨也行，做完了还可以让孩子给自己的作品起名字（比如"瑞恩的烤宽面条"）。这样一来可谓一举两得：不仅你自己乐在其中，孩子也因为参与到准备食材的过程中而更愿意吃你为他精心准备的饭菜。九九归一，虽然生活中的饮食小风波无法避免，但我们还是希望家长学会泰然处之，能够享受这喜忧参半的过程。不仅祝愿你早日让孩子吃得下豌豆，还祝愿你把整个家庭的就餐氛围变得和谐起来。

■ **原则 10：着眼于大局**

大部分喂养大战都得指望这条原则了，因为这招既能帮你减负，还能帮孩子减压。幸好这条原则没有使用时间的限制，不管你的孩子是 5 周大、5 个月大还是 5 岁了都来得及，你还有大把的时间一展身手。

如果你从长远的角度来看孩子的饮食问题，而非着眼于某个节点的话，你拥有清晰的思路的可能性就会更大，应对眼前的种种喂养挑战就能更得心应手了。孩子的口味偏好、饭量大小、对待食物的态度甚至会一星期变一次，所以，你得做好日子时好时坏的打算。孩子吃的每一口、每一餐并非都是意义非凡，孩子哪天吃了多少饭并不能决定什么。明白了这一点，我们敢保证，你肯定会在未来的喂养之路上走得更加顺利。千里之行，始于足下，毕竟食物金字塔也不是一天建成的。

Chapter 3
哪些问题值得关注

养育子女的时候，每当你一筹莫展向有经验的家长取经时，他们往往聊着聊着就扯到自家孩子身上去了。那些想帮助你的父母们，也只是象征性地安慰一句"理智一点儿就没事了"来给你加油打气。很少有人能够用专业的知识、深刻的见解武装你的头脑，用实用的工具帮你解决具体问题。因此，我们提出了一套衡量标准（用叉子的多少来表示重要程度）。这套标准在你面对书中呈现的诸多喂养困境时，可以帮你计划需要付出多少精力和关注度来解决，设置优先选项，抓大放小，避免因小失大。

⫴⫴ 4 叉提示：问题必须解决
这条标准适用于那些风险极高、后果极为严重的喂养问题。因为从长远来看，这种问题很可能对孩子的安全、健康或者营养状况产生极大的影响。这种状况一旦出现，就几乎没有商量的余地了。即便这意味着孩子可能会跟你吵得不可开交，那也值得家长坚定立场来应对。幸好，亲子之间这样的激战并不常见。

⫴⫴ 3 叉提示：暂时可以妥协
虽然父母一遇到三叉问题就严阵以待，从不敢掉以轻心，但其实风险并没有家长想象得那么高，偶尔的妥协或是暂时性的缓兵之计都可以酌情考虑。

⫴⫴ 2 叉提示：不必小题大做
跟孩子争得不相上下的时候，家长很容易就会小题大做。家长肯定会跟孩子苦口婆心一番，当然，讨论的肯定是个值得理论一番的话题。可是回过头来想想，忙完一天火气大得要命，这种级别的问题完全没必要跟孩子纠缠下去。你可以在孩子心情好点儿的时候再跟孩子理论，或者你干脆直接哄哄孩子、逗孩子玩会儿，用尽一切手段把战争消灭在萌芽中。

╿ 1叉提示：不必在意

对于小孩子来说，吃饭不规矩、弄得一片狼藉这些都很正常。这些意料之中的小打小闹根本不值得一战，与其心烦意乱，还不如拿起刀叉继续吃饭。

☕ 使用书中的"进餐里程碑"参照表 🍵

　　家长不难找到一些图表，上面大致写着宝宝什么时候可以翻身、什么时候可以坐起来、什么时候会咿咿呀呀，上面也会写着宝宝什么时候迈出第一步、什么时候蹦出第一句话、什么时候会踢球。我们也在想，既然已经有这种表格了，要是我们再编一个时间表来记录亟待解决的各种喂养难题，是不是也会让父母们省不少心。孩子什么时候可以用吸管杯喝水、什么时候会用小勺吃饭、孩子能够在餐桌旁坐着吃多久……如果父母对这些问题有所期待，那么书中穿插的这些进餐过程中的重要阶段，父母就可以拿来引导孩子的饮食行为了。

Part 2

固体食物及喂养难题

Chapter 4
开始吃辅食

我们对于辅食的介绍是从现实和营养两个方面入手的。不要因为孩子吃了一口谷物，你就开启第一罐婴儿米粉，在我们介绍辅食之前，先让我们把话说明白：我们建议你将给孩子添加辅食看作一个过程，无论是你还是孩子都要循序渐进。如果孩子能高高兴兴地拿起汤匙、刀叉或是其他餐具，并且痛快地吃掉了一碗米粉或是肉泥，把盘子吃得干干净净，然后心满意足且快快乐乐地离开餐桌，那么你的生活无疑会轻松很多，但我们还没有发现这样的情况。罗马城不是一天建成的，同样，一个还穿着白色连体衣的婴儿要想学会优雅且独立地吃饭也是一件不可操之过急的事情。为了让你的日常生活既有辅食又有乐趣，我们建议你拉过一把高脚椅，拿上围兜，准备好相机，并确保所有的软头汤匙都排成了一排——因为你已经在期盼中度过了好几个月，现在可以

🥣 辅食时代已经来临 ☕

20 世纪初之前，大多数婴儿在过第一个生日前父母不会喂他们吃辅食。但是到了 20 世纪 50 年代，喂养孩子的大潮驶向了截然相反的方向：出生还不到两周，婴儿们就开始第一次进食婴儿米粉。基于我们所了解的关于婴儿营养的最佳信息，美国儿科学会现在建议要等到婴儿 6 个月左右大时才能给他们喂辅食。不要错过给宝宝喂辅食的最佳时机，如果你等到婴儿 8 个月或 9 个月以后才给他们喂辅食，要让他们对辅食感兴趣就会愈发困难。

开始给孩子喂辅食了！

准备好吃辅食的表现

孩子的身体生长到可以接受辅食，与他们对辅食开始感兴趣往往是同步的，这并非巧合。并且，当母乳或配方奶粉无法满足孩子对营养的需要时，他们的消化系统也做好了准备，可以应对辅食的挑战。当你的孩子已经学会了下列具有里程碑意义的事情时，很可能他是做好了准备，愿意并且能够开始吃辅食了。

• **头能抬高竖直**　有的孩子刚生下来头就可以抬高（能坚持很短的时间），但大多数孩子通常要等到 3 ~ 4 个月大的时候才能长时间地把头抬高竖直。

• **学会独坐**　婴儿最初坐的时候需要一点点支撑，他们通常在 6 个月大的时候学会独坐。幸运的是，现在有一些高脚椅和婴儿餐椅，可以很方便地倾斜，从而给那些还无法完全自己坐直的孩子提供一些额外的支撑。

• **体重达标**　粗略说来，当婴儿的体重增幅比刚出生时增加了 1 倍并且至少达到 13 磅时，他们就可以吃辅食了。

• **能张大嘴**　随着孩子对周围世界的认识一步步加强，他们也往往会对食物更加感兴趣——他们经常目不转睛地盯着食物看，或是看到有人拿着食物朝他们走过来时就张着嘴热切地期盼着。

第一次喂辅食

一旦你发现孩子已经做好准备可以接受辅食了，你的下一个问题可能就是应该在一天中的什么时候坐下来喂他们吃辅食。我们知道，许多家长希望有一个时间表，我们认为这个放之四海而皆准的时间表是不存在的，正确的方法是：孩子什么时候心情最好、可以学习新的东西就什么时候喂。与哺乳或喂婴儿奶粉相比，喂孩子吃辅食需要更多的时间和努力，你要预留出足够的时间和耐心。如果有这样的心理准备，第一次喂孩子吃辅食就可以像学习其他能力一样顺利。

• **避免极端** 如果孩子特别饿，或者根本不饿，这时你拿着匙子给他喂辅食只会挑战你和孩子的耐心。如果孩子太饿了不想再花时间吃辅食，你可以试着先给孩子喂母乳或配方奶粉，然后再喂一些辅食。如果喂完辅食后孩子仍然想吃东西，就再给他喝一些奶。

• **尽早行动** 在一天早些时候给孩子喂新的辅食可以更好地观察他们的不良反应。

🍲 舌挤压反射 🍚

　　在孩子做好准备并且愿意吃辅食之前，他们需要具备用舌头把食物放在嘴里的任何地方，从前面运送到后面，然后再咽下去的能力。这听起来简单，但对小婴儿来说却并非如此。完成这样的吞咽动作依赖于舌挤压（或舌头推力）反射的消失。反射消失前，食物送进小婴儿嘴里，他们会用舌头把食物向外推，使在舌头上面的食物更容易落到下巴上（嘴外边），而不是咽到肚子里。这一正常的反射现象要到孩子大约 4 个月的时候才能消失。但是 4 个月后，一些孩子的舌头会继续往外推，拒绝任何辅食。如果你偏偏特别希望孩子能尽早地进食辅食，那么你就要知道孩子拒绝食物是因为舌挤压反射，而不是因为不听话或对食物不感兴趣。你可以试试将盛着食物的汤匙放到他的嘴里，然后用他的上牙床将食物从勺子上"刮"下来。如果他仍无法卷动舌头并把食物咽下去，那么就等一两周后再试试。

• **不要强迫** 当孩子累了、烦了或者心不在焉时，如果你还拿着碗和汤匙坐着喂他们，这种尝试一般是徒劳无益的。你要接受这一事实：在孩子逐渐习惯辅食的阶段，他的主要热量来源仍然是母乳或婴儿配方奶粉。刚开始的几周，你可能会发现孩子有时候可以接受辅食，有时候则不接受。即使有几餐孩子一点儿辅食都没吃，也是完全可以接受的。

・**学会观察**　孩子们如何看待新的食物，都会写在他们的脸上。对于新的口味和口感，孩子常常会有很夸张的反应。所以，如果你给孩子喂新的食物时，他吐出一些来、皱着脸甚至叫几声，你不要太惊讶或者畏惧不前。如果孩子继续张着嘴还想吃，你就可以判断，他这样做（哪怕是搞得一团糟）只是在吸引你的注意而已。但是，如果孩子的嘴闭得紧紧的，那么你就要识相点，不要再喂他啦。请记住，虽然你有了一些喂孩子的经验，但是当孩子明显不饿的时候千万不要坚持喂他！

第一种辅食：婴儿米粉

・**什么时候开始添加**　当孩子6个月左右并有可以吃辅食的表现时就可以喂了。

・**为什么要喂婴儿米粉**　婴儿米粉和肉泥是孩子1岁前甚至更大的时候补充铁元素的主要来源。婴儿米粉也相当容易消化，相对而言不会引发过敏反应，并且通常更容易吸收——所以婴儿米粉是我们首先推荐给孩子的食物之一。

・**该买什么样的婴儿米粉**　一般认为最好是买单一品种的谷物米粉，例如大米、燕麦或大麦。这些谷物引发过敏的可能性最低，你可以给孩子每次只喂一种新的食物（一次一种新的谷物）。

・**如何为孩子加米粉**　你可以用母乳或配方奶冲调米粉，用水冲调也没有什么坏处。从营养上讲，米粉状食物并没有什么额外的好处，只不过是更加方便并且是流食。所以当孩子习惯了吞咽稍硬一些的食物时，你需要添加更多性状的谷物。当孩子能够完全接受谷物时，你就可以在谷物中添加肉泥、水果和/或蔬菜，而不是让孩子只吃谷物。

・**习惯的力量**　如果你的孩子白天心情舒畅，但夜里经常醒来并想吃东西，我们认为很可能是因为习惯，而不是因为饿了。

☕ 不要把米粉加到奶瓶中 🍵

在婴儿的奶瓶中加入米粉这个习惯由来已久，但是除非有儿科医生建议，否则一定不要这么做，理由有以下几个：

• **婴儿准备好了吗**　婴儿要等到4个月大时消化系统才能完全准备好消化谷物，提前添加婴儿无法消化。而且添加辅食不仅要看婴儿是否可以消化谷物了，还要看他们是否准备好用汤匙吃辅食了。

• **太硬没法吃**　孩子们如果还没长得足够大，没办法进食谷物，而你却在奶瓶里加上谷物（甚至在汤匙里放上谷物），孩子们很可能会呛到并且／或者将硬物吸入肺部。除非有医疗上的原因建议提前喂食辅食，否则不要操之过急。

• **引发过敏**　婴儿未满4个月就接触辅食会使他们更容易在以后对食物过敏——如果等到婴儿长到4～6个月大时再喂辅食这一危险就可以降到最低。

• **过度喂养**　在奶瓶里放米粉容易导致过度喂养。孩子凭直觉就可以知道应该喝多少母乳或者配方奶粉，但他们不知道里面的热量有多少。虽然人们都说，一般情况下孩子不容易吃得过多，但这只是在给孩子们喂母乳或配方奶粉时才成立。只要奶里面加了米粉，事情就走样了——甚至会变得很离谱，一些人认为，在奶瓶里加燕麦是一种强迫进食，可以导致孩子摄入过多的热量。

通过喝奶来帮助睡眠的孩子，只要睡眠一浅，不管到底是不是饿了渴了，很可能都会要安慰食物吃。如果你的孩子是这种情况，那么我们很抱歉地说，再多的婴儿米粉也无法解决他的睡眠问题，调整孩子的休息时间也许更有用。

• **如何冲调米粉**　大多数孩子吃的第一份米粉都太稀了。米粉到底应该冲多浓取决于每个孩子的进食情况，因为每个孩子能消化吸收的辅食量各不相同。一开始时，米粉的浓稠度应该是能从汤匙上流下来，和苹果泥差不多。如果你是一个严格遵守食谱

🍜 🍴 **吃得好就能睡得香吗** ☕

　　我们真诚地希望，按时给孩子喂米粉能够让那些睡不好的孩子整夜安睡。但事实是，研究结果并不支持这种人们普遍持有的观点。你应先要区分孩子睡眠不好究竟是因为饿了还是出于习惯，然后再将米粉视为解决睡眠问题的良策。

　　一些胃口好的孩子在3～6个月时似乎会越来越饿，并且对于全是流食的食物越来越不满足。虽然每天都能吃32盎司食物，但他们在白天通常还要求吃更多东西，并且/或者一反常态，早早就醒来想要吃东西。如果这种情况在你的孩子身上也发生了，那么饥饿很可能是导致孩子睡眠不良的罪魁祸首，在食物中加上谷物可能会使你的孩子更容易入睡（并且睡得更久）。要与儿科医生讨论后再做决定。要记住，除了饥饿以外还有其他因素会引起这个年龄段的孩子睡不好觉。如果没有充分的理由，不要在孩子6个月以前添加辅食。

的人，那么你会很高兴：因为我们见过的每一盒婴儿米粉上都有调配和喂食说明。大多数米粉在冲食时都需要放大约1汤匙米粉和2盎司配方奶粉或母乳。如果你不愿意计算比例，更喜欢凭感觉冲调（就像我们一样，因为我们从不费心测量），那就在碗里放1～2勺干米粉，然后再加上足够的液体，让米粉变稀并可以流动即可。然后观察孩子的进食情况，根据孩子的反应决定冲调浓度。太稀？孩子吃了不满足，就添加更多的米粉；太稠？孩子吞咽有困难，就添加更多的母乳或配方奶。

　　• **应该喂多少米粉**　你的孩子会告诉你答案。如果孩子只想吃几口，那么他很可能会把头转开并且开始吵闹；如果他的嘴像小鸟一样张开并且每吃一口就尖叫，那么你很可能给他喂得还不够。如果你需要一个大概的数字作参考，那么每次喂1～4汤匙就是一个相当标准的开始。但是，你要准备好接下来的几天冲更多的米粉，因为孩子需要的辅食量会在很短的时间内迅速增加——甚至在短短数天内就会增加。

先吃什么、再吃什么

一旦孩子开始吃米粉了，他们很快就会做好准备去尝试更多的辅食。无论你选择从商店购买还是自己做食物给孩子吃，面临的问题都差不多：搞清楚给孩子先吃什么？蔬菜、水果还是肉？以及如果孩子对某些颜色、味道或口感不感兴趣，你该怎么做。

🍵 辅食成分和性状的改变 🍵

婴儿食品制造商的一些做法决定了在选择婴儿食品时你最初就是要凭直觉。选择婴儿们最有可能喜欢的食物和口味，然后将其按孩子的成长阶段装罐贴上标签。这样会很方便，你可以根据孩子的饮食技巧和兴趣的提高而从一个阶段过渡到下一个阶段。随着孩子吃辅食能力的提高，你要慢慢地在婴儿食品中增加块状物的含量。

• **第1阶段**　第1阶段的婴儿食品有一个共同点——它们都是单一成分的婴儿食品（水果、蔬菜或肉）。

• **第2阶段**　第2阶段的婴儿食品成分和口感都变了。第2阶段的许多婴儿食品包含了多种成分。在这一阶段，肉泥经常被添加到水果、蔬菜中，如苹果＋鸡肉或胡萝卜＋牛肉等。

• **第3阶段**　第3阶段的婴儿食品包含了其他调味品和大块食物，这些食物正好是婴儿在上餐桌吃饭之前应该吃的。咀嚼能力强、对食物口感不那么敏感的孩子完全可以跳过这一阶段，可以从第2阶段直接过渡到上餐桌吃饭。

■ 先吃蔬菜还是先吃水果

有很多育儿书籍提及要先吃蔬菜再吃水果，所以你也许会认为决定先吃哪个再吃哪个很重要。有一种观点是，先喂孩子吃更甜的食物（即先吃水果）会使孩子更可能得蛀牙并且以后拒绝吃蔬菜。但在现实生活中，我们却发现这一点并不正确。如果你的孩子注定更加喜欢梨而不是豌豆，那么你先给他吃什么再给他吃什么并没有那么重要，只要你记住这两样东西都要让孩子吃就行。

> 🥄🍴 **食物塑造人** 🥛
>
> 　　β-胡萝卜素（胡萝卜、杏、南瓜、绿叶蔬菜、山药和马铃薯中都有这种成分）具有不可思议的能力，可以使孩子的手、脚和脸变成淡淡的橙色。幸运的是，β-胡萝卜素不会使眼白变黄——这有助于区分皮肤颜色改变是由蔬菜引起的还是由黄疸引发的。减少这些食物的食用量，并经过一段时间，因过量进食某种蔬菜而改变颜色的皮肤会变回到原来的颜色。

■ 🍴 一开始就给孩子吃肉

在制订孩子的辅食添加计划时，有人可能告诉过你要先吃蔬菜、水果再吃肉，但是美国儿科学会的最新建议是在给孩子添加辅食的初期就给他们吃含铁多的食物（也就是肉类）。这意味着，现在计划有变，你不应该先让孩子吃上几个月的蔬菜和水果，等到他们对蔬菜和水果习惯了再给他们肉吃；你应该在刚开始给孩子添加辅食的时候，就给他们吃蔬菜、水果和肉，让他们接受这些食物。

🍴 如何应对孩子的拒绝

如果你发现有一些食物孩子不喜欢，或者你认为他不会喜欢，可以先把这些食物拿开，以后再找机会给他吃。现在不感兴趣的食物（如灌装的酱），并不意味着当他们再长大一些时仍然不喜欢。你可能会惊讶地发现，孩子在6个月大时拒绝某些食物，但是再过一两个月后他们却张大嘴想吃。只要你的孩子可以消化吸收这些食物，你就可以把灌装的此类食物永远收起来，开始让孩子们食用口感较软的餐桌食物。

🥣🍴 抓自己的小勺：两勺法 🥛

6个月大的婴儿经常抵制父母喂东西，他们坚持要参与进来并且想自己拿着小勺。孩子想这样宣告自己要独立吃饭，但他们的动作还不够协调，没办法自己把小勺（以及小勺里的食物）送到嘴里。这时你要试着给他用适合婴儿使用的头上带橡胶的勺子，或者给他两个小勺，这样孩子就可以安全地挥着小勺玩，不至于伤到自己。使用这一方法，你就能够继续用小勺给孩子

喂东西吃，而孩子又不会抓住你手里的小勺。一开始孩子要想自己把小勺送到嘴边肯定很难，但是他会觉得在吃东西这件事上他也参与了。在这一过程中，孩子会得到足够多的练习，从而有能力自己吃东西。

⫙ Chapter 5

多吃蔬菜不容易

　　很多父母为孩子拒绝吃绿色蔬菜而苦恼，不知道如何破解这一难题。如果所有绿色的食物都是同一种味道，孩子们为什么不喜欢绿色蔬菜这一现象就好解释了——因为他们不喜欢那种味道。可事实并非如此，西蓝花和菠菜都是绿色的食物，但它们的味道和口感并不一样，人们更不会把西蓝花和绿豆混为一谈。凭直觉我们确实无法指出究竟为什么这些蔬菜会被归为一类并且遭到孩子们的抵制，它们之间似乎只有一个共同特征——都是绿色的。

孩子为什么会拒绝绿色蔬菜

　　我们先把绿色蔬菜这个问题分成两个小问题：绿颜色和蔬菜。孩子们是因为绿颜色而抵制绿色蔬菜吗？显然不是。想想彩虹糖和 LifeSaver 糖，它们都有绿颜色。青苹果也不会受到孩子们的抵制。

🥄 绿颜色并不是问题所在 🍵

　　我们并不认为绿颜色是症结所在。20 世纪 40 年代一经推出，绿色的 M&M 豆就热卖一空。M&M 豆最初有绿色，绿色已经成为一种刺激性的颜色，有时候甚至有绿色包装的 M&M 豆。

　　这就使我们考虑第二个因素：蔬菜。我们都非常清楚，有些孩子不喜欢吃蔬菜，而且这种不喜欢是从孩子很小、还没结交同龄伙伴的时候就开始了。也就是说，他们并不是因为受到同伴和社会的影响，而是由于家庭的影响和父母的喂养行为造成的。在给孩子提供食物的过程中，父母们不知为何，也不知从什么时候开始，会非常执着而且特别强调让孩子吃绿色蔬菜，这样做反而有意或无意地使孩子对绿色蔬菜产生了抵触心理。我们提出了下述策略还有一些建议，希望能帮助你教导孩子宽容地对待绿色蔬菜，并且防止孩子们因为偏见经常出现抵制绿色蔬菜的行为。

你喜欢吃绿色蔬菜吗

　　请考虑一下你是否喜欢绿色蔬菜。如果你不喜欢，那么下列这些事情发生的概率就会增加（1）你不会遵守为孩子树立饮食榜样这一金科玉律；（2）孩子会注意到你不喜欢绿色蔬菜；（3）你不会经常给孩子吃绿色蔬菜。

　　在理想的情况下，只要你按照我们上面的提问反思一下自己的饮食习惯，就知道想让孩子爱上绿色蔬菜，自己应该先做出榜样。但如果这只是我们一相情愿的想法，你更喜欢现实一些的解决方案，那么我们建议你至少不要在孩子面前表现出不喜欢某种蔬菜。

🍵 西蓝花的坏名声 🍵

　　乔治·H·W·布什宣誓就任美国第41届总统后不久，公开宣称"白宫的菜单上再也不会有西蓝花"，这番言论让父母和西蓝花种植户大失所望。此后不久，装满西蓝花的卡车停在白宫的草坪上抗议总统的这一言论。那么，在这场关于西蓝花的僵局中，最后的赢家是谁呢？据我们所知，西蓝花的声誉跟以前比没什么太大的不同。而那些在华盛顿周围地区依赖各个食物赈济处生活的人则幸运地拥有了一大堆西蓝花！

说得越多越抵触

你只需要想想人的本性就能知道，有人越是跟你说某个东西对你有益处，你越会不喜欢它。有研究显示，孩子们认为大人说的对他们有好处的东西尝起来一般都不好，并且他们会因此而抵制那些食物（有点儿像鱼肝油，好心好意的父母总是让孩子们吃鱼肝油，但当把鱼肝油咽下去时，孩子们常常告诉我们嘴里总是有一股难闻的味道）。最终，你越是和孩子们说吃绿色蔬菜的好处，他们就越可能对绿色蔬菜失去兴趣。

☕ 令人羡慕的绿色蔬菜 ☕

每一种蔬菜都有营养，但是绿色蔬菜蕴含的营养尤为丰富，可以提供人体所需的所有的维生素、矿物质以及微量营养素。植物的绿颜色是由叶绿素产生的，叶绿素很重要，可以帮助血液细胞在人体中输送氧气来抵制致癌物质，并且可以对抗肾结石。绿色蔬菜，特别是绿叶蔬菜，含有的叶绿素量最高，并且可以为人体补铁。

全局考虑，少量添加

实现孩子的膳食平衡是一项艰巨的任务，但这并不意味着不停地让孩子吃吃吃。我们建议一天给孩子吃 2 ~ 3 次蔬菜，但不一定都是绿色蔬菜。孩子每长 1 岁就给他们增加 1 勺绿色蔬菜。为了帮助你开始，我们拿出汤匙并且设定了一些进食量，以帮助你方便地给孩子慢慢添加绿色蔬菜。

沙拉爱好者注意了：请记住，绿色多叶蔬菜（如罗马生菜或小菠菜）的密度较小，它们只相当于半个西蓝花那样的足量的绿色蔬菜。圆生菜虽然不像叶片更多的生菜那样蕴含丰富的营养，但是仍有一定的营养，所以总好过一点儿生菜叶都不吃。

1 汤匙量

- 2 ~ 3 朵（中等大小）西蓝花
- 20 个小豌豆
- 3 个四季豆
- 1 根细芦笋

⫼ Chapter 6
蔬菜和炸薯条阴谋

虽然大多数婴儿可以大快朵颐地吃蔬菜泥，但是在他们正式上餐桌吃东西之前经常会有一些事情让他们失去吃蔬菜的兴趣。虽然让孩子吃绿色蔬菜有时十分艰难，但这场特殊的喂养大战意义重大，绝对值得为之一战。我们的发现可以给你一些新的启发，帮助你应对孩子不吃绿色蔬菜的挑战。

⫼ 炸薯条 ≠ 蔬菜

我们经常和父母谈"要让孩子吃蔬菜"这个话题，但经常是开始时期望很高，谈着谈着就跑题了——父母们总是会谈到土豆。不要误解，我们并没说土豆不是蔬菜，它确实属于蔬菜。只是，作为美国最容易被接受的蔬菜，它的营养有点乏善可陈。孩子们的餐盘中本应该有更加丰富多样的蔬菜，但现在土豆在孩子的餐盘中占据了半壁江山。有数据表明，现在蹒跚学步的孩子吃的土豆量比其他蔬菜都多。而且更加严峻的问题是，我们要面对的不仅仅是土豆，真正的问题是炸薯条。一谈到油炸土豆，突然间我们的话题就不仅仅是孩子们土豆吃得太多，而是饱和脂肪酸以及在某些情况下反式脂肪酸、盐分过多，还有更加重要的营养健康问题。我必须强调的是——在食物金字塔（或者在孩子的餐盘）中，蔬菜的比例绝对不应该由多盐的油炸土豆决定。

最值得注意的是，人们（甚至是美国农业部）通常将西红柿归类为蔬菜，但实际上西红柿毫无疑问是一种水果——这种分类竟然跟关税大有关系。因为19世纪末时蔬菜有关税而水果没关

☕ 蔬菜的界定并不明确 🍵

在植物学上，蔬菜是指茎（例如芹菜、大黄）、叶（例如莴苣、菠菜）或根（例如胡萝卜、土豆）可以食用的植物。与水果相比，蔬菜的这一定义太过学术化。水果可以食用的部分是植物的种子（或者结种子的部分），而在生活中，水果和蔬菜的界限经常被人们忽视。

税。黄瓜、茄子、西葫芦、南瓜等虽然不像西红柿那样有很强的法律和关税争议，但是它们究竟是蔬菜还是水果，人们的意见也不一致。

蔬菜的价值

蔬菜中究竟有什么，让它们的营养价值那么高？首先，蔬菜中有多种重要的营养素，包括纤维、钾、叶酸以及维生素 A、维生素 C 和维生素 E，可以帮助孩子们保持健康——这些营养素对孩子的身体有广泛影响，包括牙齿、皮肤、牙龈、血压和肠道，它们的抗氧化性能甚至被认为可以预防癌症和心脏疾病。虽然这些营养素有的在水果和肉类中也有，但有一些营养素只存在于蔬菜中。总之，蔬菜对于健康有很多益处，这就意味着无论你把它们切成什么样，它们都应在孩子的饮食中发挥重要作用。

☕ 富含维生素 A 的蔬菜 🍵

维生素 A 可以帮助眼睛适应光线，保持皮肤、黏膜和眼睛湿润，还可以作为抗氧化剂。幸运的是，蔬菜并不是维生素 A 唯一的来源，你还可以通过其他方式为孩子补充维生素 A 这一重要的营养素。许多水果，包括杏、杧果、南瓜、油桃、李子等都含有维生素 A。

♨ 不同颜色的蔬菜都要吃

　　我们已经说了，土豆不应该成为孩子们吃得最多的蔬菜，也强调了吃蔬菜的重要性，但现实是太多孩子根本不吃蔬菜。每一天，都会有很多孩子得到父母的允许，完全忽略了餐盘中特别重要的蔬菜。这样做显然有害无益，但先不要因为孩子没有吃到蔬菜就自责不已，我们想强调一个重要观点——你不必因为孩子一两天没吃蔬菜而担心，在让孩子吃蔬菜这件事上，注意蔬菜的颜色搭配更重要，可以帮助你成功地让孩子爱上蔬菜。你会发现，针对孩子的蔬菜建议食用量并不是说食用某一种蔬菜，也不是说每天都要吃够量，只要每周吃的蔬菜量达标就可以。你要预见到有时候孩子吃的蔬菜会全是绿色，有时候会全是橙色，而有的时候甚至会全是白色——你不用每天都纠结，而应该着眼于更加重要的整体计划。

每周蔬菜搭配建议

　　对于蔬菜的第一印象可以对孩子最终是否接受蔬菜产生很大的影响。育儿专家和营养专家们普遍建议要提供颜色多样的蔬菜，这样才能让孩子们更爱吃，我们也十分同意这一观点。在计划给孩子吃什么蔬菜时，不能不考虑蔬菜的颜色，我们决定将孩子们的餐盘按照每周的食物供应量和颜色构成划分为如下种类。

🍲 每周蔬菜建议摄入量（以杯计）🍵

蔬菜 年龄	深绿色	橙色	淀粉类	干豆、豌豆	其他
2~3 岁	1	1/2	1½	1/2	4
4~8 岁	1½	1/2	1½	1/2	4
9~13 岁 女孩	2	1½	2½	2½	5½
男孩	3	2	3	3	6½

把蔬菜伪装一下

我们确实应诚实地对待孩子，但有时候也要对孩子们有所保留，这不是件坏事。在烹饪蔬菜时，你不要把胡萝卜放到桌上，让孩子们看到，这样可以帮助他们学会吃胡萝卜。先让孩子们学会接受（或容忍）。当然，随着时间推移，你要帮助孩子学会欣赏你精心准备的蔬菜的精美之处，但是不一定要指出每一道菜的好处。把蔬菜伪装一下，或偷偷地把蔬菜做成孩子们已经接受的食物，这样可以很好地避免一场喂养战争，并且最终赢得战争。有很多烹饪书以此为前提，介绍如何制作孩子喜欢吃的食物。以下是我们最喜欢的一些伪装战略：

• **汤** 想想看吧，有很多种汤，你没办法区分里面的胡萝卜和土豆。只要孩子能够吃较软的辅食，一旦他们对自己拿汤匙吃饭感兴趣，你就不要忘记试着给他们熬汤喝。你可能想自己熬（自己熬也很简单）或者买含盐少的汤，因为有些汤的盐度是出了名的高。同时要特别注意汤要温热，不能太烫，以防烫伤孩子。

• **酱料** 番茄酱里面不仅仅有西红柿，还可以把它们的蔬菜兄弟们藏到里面，不被孩子们发现。如果你的孩子在很远的地方就能看到一块西蓝花混进他的食物里，你就可以采取这种方式，把想添加的食物弄成酱再加到孩子的食物里。

• **面条** 面条和奶酪（面条最好是全麦的，奶酪最好是低脂/部分脱脂）多放几层，这样里面的蔬菜就被很好地隐藏起来了。

• **面包** 胡萝卜、南瓜和西葫芦面包是孩子们的最爱。你可以在面包里添加很多蔬菜，而孩子们吃了还想吃——你可以试试其中的一两个食谱，那样你就会知道有多神奇了。当你尝试这样做时，再试试制作加了菠菜的布朗尼甜点——肯定会大受欢迎！

• **汉堡和肉饼** 除了使用低脂肪牛肉、火鸡肉甚至鸡肉馅之外，你可以在这些备受欢迎的主菜中加入磨碎的胡萝卜、洋葱或其他蔬菜，使它们变得营养更加丰富。

　•**冒牌土豆泥**　要赢得孩子的喜爱，你无须成为一名顶级大厨，只要将花椰菜泥打稀，制成冒牌土豆泥就可以。你只要在上面撒一点儿盐和胡椒，再加一点儿黄油，然后跟孩子说这是土豆泥，孩子绝不会发现。

　•**搭配**　对孩子来说，酱才是最重要的。芹菜切碎加到番茄酱里，孩子就爱吃了。

Chapter 7
配小·薯条吃的番茄酱

　　既然我们写的是一本关于喂养的书，那么我们就不得不稍微谈一谈番茄酱。上个世纪，或者更准确地说，自1872年亨氏公司研发了第一种现代意义上的番茄酱，那个时代的父母都理解为什么番茄酱这一调味品之王值得我们专门拿出一章来进行谈论。对于一些孩子来说，所有东西一涂上番茄酱就会更加爱吃。家里批发的是大瓶的番茄酱，车里的储物箱里总是堆满了小包装的历年生产的番茄酱——这样的家长数不胜数。美国97%的家庭都食用番茄酱，单是亨氏公司一年就卖出6.5亿瓶，而且13岁以下的孩子吃番茄酱的量比其他年龄段的人加起来的总量还要多50%。作为父母，我们面临的困境是：不让孩子吃番茄酱这一场战役究竟值不值得打响？我们认为不值得因为番茄酱和孩子引发冲突。

你说番茄，我说调味品

　　许多孩子都会依赖番茄酱，还在学步时，食物加上番茄酱就是孩子们每天吃饭时的例行做法。我们并不完全清楚番茄酱为什么会如此受欢迎，我们有多种猜测。第一种是番茄酱通过与其他蔬菜联系起来变得受欢迎：炸薯条是美国人吃得最多的蔬菜，而番茄酱几乎总是与薯条形影不离。我们也有一种预感，即番茄酱是父母的一种妥协。孩子们有时候并不乐意尝试新的食物或口味，所以父母们就在上面加上番茄酱以掩盖食物的味道。无论哪一种情况，如果你的孩子喜欢吃番茄酱，那么你会从下列问题中找到答案：

☕ **进餐里程碑：掌控局面** 🍵

2 ~ 3 岁的孩子需要感到自己有控制能力，自己吃饭就是控制能力的一种表现——这种成长中的里程碑会使吃饭变得混乱，也会使他们在你让他们少吃番茄酱时跟你对着干。易于挤压、可倒置的番茄酱瓶，使孩子们能够更容易地吃到番茄酱、帮助他们实现独立吃饭的愿望——这是他们喜爱番茄酱的心理原因。孩子们总是希望自己涂番茄酱，但他们的用量要比大人们给他们提供的多 60%。

• **没有坏处** 大量食用番茄酱会对孩子的健康产生不利影响吗？我们肯定不会说番茄酱不好，但值得指出的是，大多数番茄酱糖分含量确实过高，会使其他营养素含量下降；4 汤匙番茄酱所含的钠比普通热狗高很多！而且如果你买的是低钠番茄酱，你可能还会自己再加点盐。当然，番茄酱也含有大量抗氧化剂番茄红素，并已被多次证明是一种非常有用的让孩子好好吃饭的调味品。

• **喧宾夺主** 孩子的食物上涂着一层番茄酱会不会对孩子以后接受新食物和口味产生长远影响？据我们所知，并不会。但你要注意孩子的番茄酱食用量远远超过成人，这时你要减少他们从其他食物中摄入的盐分和糖分。

☕ **瓶子里装的是什么** 🍵

从营养学方面讲,番茄酱里面一般是被挤压出的番茄酱汁、醋、糖或高果糖玉米糖浆、葱、蒜、盐和其他调料。番茄酱是唯一一种综合了 5 种基本口味的调味品——咸、苦、甜、辣、酸以及丰富的口感。

• **赚取印象分** 给孩子提供番茄酱是一种好的育儿行为吗？孩子们吃掉的番茄酱如果都能算作水果的话，那就太好了。可遗憾的是，孩子们每吃 4 汤匙番茄酱才抵得上吃一个中等大小的成熟西红柿获得的营养，所以你最好让孩子吃西红柿。如果你正在寻找一种调味品来代替西红柿，那么你可以考虑番茄酱或者沙拉酱（沙拉酱是调味品界冉冉升起的巨星）。番茄酱可以成为孩子们均衡膳食中的一部分，因为加了番茄酱之后孩子们会更乐意吃很多其他健康的食物。

🍜 把番茄酱带到学校去 🍵

西红柿究竟能不能（或应不应该）被算作蔬菜这一问题是 20 世纪 80 年代初的热门话题。那时美国农业部提出了一个让孩子吃蔬菜的新方法。当时学校必须提供 5 种午餐食物（包括肉、牛奶、面包以及 2 份水果或蔬菜），农业部提出将番茄酱和泡菜也算作蔬菜。这样做到底是为了减少学校的午餐花销，还是真心地想给孩子们提供更多的口味选择，并且结束孩子们浪费青豆的现象，对此人们看法不一。我们不想参与到这一十分政治化的争论中，但我们可以告诉你 "西红柿当蔬菜" 这一项目很快遭到了人们的坚决反对，番茄酱不再是蔬菜，而且当局迅速向学校的午餐项目提供了 10 亿美元的资金。

情况可能会更糟

如果你发现孩子宁愿吃抹了番茄酱的三明治，而不吃你给他们的其他食物，并且因为意识到自己家吃了很多番茄酱而感到不寒而栗，那么本部分结尾处提到的观点就是为了让你心情好点，并且找到方法控制孩子的番茄酱食用量。

• **番茄酱可以是甜点**   虽然我们不记得了，但是据报道，芭斯 – 罗缤（Baskin-Robbins）曾经有一款名为"疯狂番茄酱"的冰淇淋。这款冰淇淋是为了致敬 20 世纪 70 年代热门电视节目《全家福》中超级喜欢番茄酱的阿尔奇·邦克（Archie Bunker）而制作的。

• **番茄酱可能是绿色、蓝色、粉红色或紫色的**   几年前，亨氏公司推出过很多种颜色的新颖番茄酱，虽然这些番茄酱受到了消费者的追捧，但似乎已经过时了。

• **番茄酱历史悠久**   番茄酱真正起源于亚洲，最初只是一种酸菜鱼调料，18 世纪英国水手将番茄酱带到西半球后，番茄酱才被列入食谱中。

Part 3
液体食物及喂养难题

　　在宝宝添加辅食之前，液体类食物——母乳和／或配方奶，是宝宝营养的唯一来源。由此可见，液体类食物对宝宝的营养与健康有多重要。现在宝宝虽然已经可以坐上高脚椅吃辅食了，但我们依然应该关注宝宝的液体摄入问题——在宝宝的日常饮食中既要有辅食，也要有液体饮品。而且，你要努力确保宝宝的饮品有营养。果汁和汽水就在不远处诱惑着宝宝，我们希望下面的几章可以帮助你避免一些棘手的情况，让宝宝喝有营养且低糖分的饮品，健康成长。

✦ Chapter 8
坚持母乳喂养

　　母乳被一致认为是宝宝最理想的食物，它的好处没有任何其他食物能匹敌。然而，尽管美国儿科学会建议，在宝宝 0～1 岁整个一年中都应喂养母乳，但是大多数妈妈在开始母乳喂养时满怀希望，却未能坚持喂满一年。在营养方面，母乳的价值无与伦比，但是喂母乳这一行为却经常会引发喂养大战。

了解生长高峰期

　　处于哺乳期的妈妈们经常担心乳汁分泌不足，宝宝没吃饱。这种情况确实存在，但如果你了解了母乳供给和需求的规律，就会知道其实很多担心是不必要的。宝宝饿了，用哭声提醒你；你听到宝宝的哭声——你的身体接收到信号，分泌乳汁，希望能解决宝宝的饥渴问题。一般情况下，宝宝吮吸得越多，你的乳汁就会分泌得越多，你是可以满足宝宝的需要的。但有时你会发现，宝宝的需求量超过了你所能提供的乳汁量——这样的时刻被称作"生长高峰期"。这时，你不要因为宝宝表现出没吃饱就认为是自己乳汁不足，这只是一种信号，提醒你应该更加频繁地给孩子喂奶，你的身体得到这个信号就会分泌更多的乳汁。只是乳汁的增加不会一下子就满足宝宝的需求，这中间需要几天的时间。

你可能遇到的问题

妈妈们在给孩子喂奶时遭遇某种程度的不便是完全正常的，有的妈妈甚至会经历乳房肿胀、溢奶或者乳头疼痛。不要让这些不便阻止你，你应该关注的是能做些什么来预防或者应对这些挑战。

•**乳头疼痛**　如果你发现自己的乳头开裂和 / 或起泡，很可能是因为宝宝吮吸乳头的方法不正确。除了这个原因之外，还可能与酵母菌感染有关。酵母菌会引发宝宝口腔感染（通常被称为鹅口疮），并通过宝宝吃奶感染妈妈的乳头。你和宝宝都应该到医生那里做检查，寻求药物帮助，使宝宝的口腔和你的乳头尽快恢复健康。

•**乳房疼痛**　在刚开始母乳喂养时，你的乳房需要调整乳汁分泌量，以满足宝宝的需求。适应了一段时间后，你的乳房可能会分泌过多的乳汁，出现胀奶的问题。通过吸奶或挤奶缓解一下乳房的压力肯定有帮助，但要注意用力不要过大，否则会给乳房发出错误的信号，让它分泌更多的乳汁！在某些情况下，乳房疼痛可能预示着一些更严重的问题——有可能是乳房肿块（你可以准确地指出乳房哪个部位疼），也可能是乳腺炎（乳房红肿疼痛，通常伴随发烧、类似流感等症状）。无论是哪种情况，你都一定要寻求医学帮助。

•**溢奶**　溢奶经常发生在母乳喂养的早期并且持续时间不长——最常发生于哺乳的最初几天或几个星期，但有时候也会持续较长时间。如果你正在遭受溢奶带来的不便，知道一些简单的技巧可以有所帮助。首先，考虑一下是什么诱发了溢奶：奶水分泌过多，孩子的哭声（你的孩子或是别人的孩子），甚至是压力，或只要一想到你的孩子就会有乳汁溢出来。对于乳房的护理还要再频繁些，可以挤出一些乳汁，缓解乳房的压力，托住乳房也有帮助。要准备吸收性强的内衣，这是第一道防线；然后再穿上两层衣服，作为第二和第三道防线；如果有必要再穿上一件，作为第四道防线。

• **牙齿**　一想到喂奶时宝宝会咬到妈妈的乳头，妈妈们的脸上就会出现痛苦的表情。美国儿科学会建议孩子在 1 岁前都要母乳喂养，但是宝宝的牙齿在 6 ~ 8 个月大时就会开始生长（出牙的时间经常还会更早），所以喂奶和长牙这两件事在时间上肯定是重叠的。如果你的宝宝在吃母乳时咬到了你，你要尽最大努力保持冷静，一定要先站稳了再把宝宝放下。要让宝宝知道，如果他开始咬，妈妈就不给他喂奶——这个简单的做法可以使大多数宝宝快速学会不再咬妈妈。

上班后如何喂奶

重回工作岗位当然会影响喂奶，这看上去是一个相当大的挑战，但也不是没有解决办法。就算你回去工作也不要让宝宝一点儿母乳都不吃，我们建议你考虑以下这些屡试不爽的技巧。你只要稍稍多付出一点儿努力，就可以继续给宝宝喂母乳，重返职场后也可以。

• **吸奶准备**　如果你还没有准备，那么现在是时候该熟悉一下合适的吸奶器了。用手挤奶或者使用手动的吸奶器都可以，使用更有效且易于使用的双侧吸奶器必然使吸奶更加高效，可以让你兼顾工作和母乳喂养。在回到工作岗位之前，要确保试一下吸奶器，看看你用起来舒不舒服——包括吸奶器的使用方法和清洁方法。如果你需要帮助，千万不要犹豫。你能在社区医院、儿童保健医生，甚至是其他妈妈们那里得到帮助，她们会告诉你如何开始。

• **改动日程**　在回到工作岗位之前就开始吸奶，这个主意很好，但要记住你既要给宝宝全天候喂奶又要吸奶，所以吸出的奶可能不像你想的那么多。不过没关系，如果你挤出一些多余的奶，放到冰箱中冷藏或冷冻起来，让宝宝在你上班时喝。当你产假快要结束即将回去工作时，一定让宝宝要练习喝吸出来的奶而不是你直接哺喂。一旦你回到工作中，你完全可以弄明白什么样的日程安排最适合你和宝宝。你会发现你可以按时吸奶，而宝宝也可以习惯用奶瓶喝奶。

•**了解用奶瓶储存母乳的知识**　如果你开始探索将奶吸出装到奶瓶中，那么了解一些母乳的储藏技巧大有裨益。在室温下母乳可保存6～8小时，冷藏条件下可保存3～5天，冷冻条件下可保存3～6个月。这也意味着，你要养成在储存的奶瓶上贴标签

☕ 母乳喂养里程碑 ☕

在宝宝出生后的第一年母乳喂养有许多重要的里程碑，在此我们与你分享以下内容，以帮助你知道究竟会发生什么。

•**第1周：理解吮吸**　在第1周，要专注于让宝宝知道如何正确地吮吸，这不仅有助于你避免乳头疼痛、破裂或起泡，还可以确保你正确接收信息，分泌更多的乳汁，以满足宝宝的需求。

•**2周至2个月：保持供需平衡**　在最初的几个月里会发生很多变化，其中就包括宝宝明显地生长、晚上睡眠时间变长，以及定时吃母乳。你要做好准备来应对宝宝突飞猛进的成长，这些成长会不可避免地导致宝宝需要更多的母乳。

•**4～6个月：准备好几个第一**　最值得注意的是第一份辅食和第一次出牙。请放心，宝宝不需要牙齿也可以吃辅食，而当宝宝们长出牙齿后你完全可以继续舒舒服服地给他们喂奶。在宝宝4～6个月大时要给他们吃辅食——让宝宝吃婴儿米粉（你还可以在米粉里加上母乳）、肉泥以及蔬菜。有些宝宝要到9～12个月大甚至更晚时才能长第一颗乳牙，但这期间你可能会发现宝宝开始长门牙了。

•**9个月：心不在焉地吃饭**　9个月大的宝宝刚刚对周围的世界产生兴趣，好奇心很强。你可能会发现在给宝宝哺乳时，他们更容易分心，似乎也会更经常地对吃奶失去兴趣。不要因为宝宝的这些反应而心灰意冷，把这些反应看作是一点点磕磕绊绊好了，你应该在一个专用的、比较安静的、干扰少的地方给宝宝喂奶。

的习惯，先让宝宝喝最早冷冻的奶，然后再喝刚刚冷冻的奶，还要确保所有的奶都经过解冻且仔细加热。每次都必须使用温水或温奶器把冰冻的母乳包或母乳瓶加热，不能用微波炉。解冻后一定要在 4 小时内将母乳喝完，绝对不能将喝剩的母乳再次冷藏。

• **让宝宝喜欢上瓶装母乳**　让宝宝喜欢瓶装母乳的最重要一点就是：记住在你第一天回到工作岗位之前就让宝宝开始适应瓶装母乳。大多数婴儿都会相对容易地由从吸吮妈妈的乳房转变为用奶瓶喝奶，如果你的宝宝抗拒从奶瓶中喝奶或者没有立即学会用奶瓶喝奶，我们建议让另一个人给宝宝用奶瓶喂奶，因为处于哺乳期的宝宝会特别依赖妈妈的乳房。除此之外，你还要确保使用的奶瓶可以让宝宝容易吮吸并且不会进入多余的气体。还有一点，如果你发现宝宝从奶瓶里吸出的奶水要么过多要么过少，那就看看使用的奶嘴是否与宝宝的年龄相适应。

母乳妈妈饮食禁忌

让我们面对现实吧——从饮食的角度来看，母乳喂养潜在的最大挑战就是要确保你吃的东西有益健康，这样你的乳汁对宝宝的身体才有好处。你吃到嘴里的东西肯定会对你分泌的乳汁产生影响。一些东西，如酒精和咖啡因，最好要避免或者至少要控制，而另一些食物和口味会影响孩子以后对食物的接受情况。为了不让你自己的饮食禁忌影响你母乳喂养的热情，我们向你提出如下建议。

• **酒精**　我们知道哺乳期的母亲如果大量饮酒会伤害到宝宝（酒精对妈妈们也会造成损害，这点自不必说），但我们不清楚的是，偶尔饮酒会有什么影响。据估计，如果母乳妈妈喝酒，酒精在 30 ~ 90 分钟后会出现在母乳中，之后酒精很快就会被消除。这意味着喝完酒后，你可以选择等会儿再喂孩子，或者等两小时后再将乳汁吸出来。当然，你也可以在喝完酒几小时后把乳汁吸出来后扔掉。

• **咖啡因**　对处于哺乳期的妈妈们来说，戒掉咖啡因可能是一个营养挑战。虽然国际母乳会认为，每天喝3杯以下含有咖啡因的饮料，对于哺乳期的妈妈和宝宝都不会产生危害。但我们建议你戒掉咖啡因或者慢慢地减少其摄入量——如果每次你喝咖啡后，宝宝明显变得烦躁或挑剔，那么你更应该戒掉或减少咖啡。

• **调味品**　研究表明，在哺乳期时食用多种食物和口味会使宝宝们长大后更容易接受多种新食物，所以你不必拒绝调味品。

• **易产生气体的食物**　人们曾经怀疑菜花、洋葱、西蓝花会使处于哺乳期的妈妈和宝宝在消化过程中产生气体，但是这并不意味着这些食物确实会或者总是会这样。除了这类蔬菜，许多其他食物都可能会产生气体，所以先不要停下切菜的刀，更不要把蔬菜完全拒之门外。我们建议你密切关注究竟哪些食物会产生气体。

• **引发过敏的嫌犯**　过敏这一话题非常热门，因为越来越多的孩子被诊断为食物过敏。话虽如此，在哺乳期你是不是应该避免所有潜在的可能导致过敏的食物呢？这个问题不像你想象得那样容易回答。我们强烈建议，如果你有家族食物过敏史，以及/或者担心宝宝会发生食物过敏，应该与儿科医生进一步讨论。如果宝宝对奶制品过敏或者整个家族都有花生过敏史，那么妈妈在哺乳期时肯定不能吃这些东西。但是在对自己的饮食做出重大调整之前，一定要找到引发过敏的食物，并请医生和营养师一起为你制订符合医学和营养学的计划。

• **药物**　虽然许多药物对于哺乳期的妈妈来说是安全的，但是你要得到医生、药剂师的许可才可以服用那些药物。无论是草药还是处方药、非处方药或者顺势疗法药物，你要假设任何服用的药物都可能进入并且影响你的乳汁，在排除这些药物的危险性之前你一直应谨慎对待。

• **香烟**　好吧，香烟不是食物。但是，我们仍然想让那些抽烟的人知道，在哺乳期抽烟会给宝宝带来危险，香烟中的有毒化学物质会直接进入母乳并引发危险的副作用。另外，二手烟也是一个严重的问题，妈妈和宝宝都应避开二手烟。

⑪ Chapter 9

无休无止的奶瓶

在一些家庭中，让宝宝用奶瓶喝奶以及让他们断奶并不困难；但在另一些家庭中，让宝宝戒掉奶瓶则是一个非常困难的过程。让宝宝戒掉奶瓶这件事宜早不宜迟，因为让宝宝长时间使用奶瓶会极大地增加孩子超重的概率。而且你等待的时间越长，戒掉奶瓶就会越困难。因为随着时间的推移，孩子对于奶瓶的依赖心理会变得越来越强，要解除宝宝和奶瓶之间的联系就会变得越来越困难。我们看到，一旦孩子强烈的独立意识开始形成，戒掉奶瓶这场战斗持续的时间就不只是几天或几周，而是几个月甚至几年。因此，我们要做的不是帮你准备好应对一场恶战，而是给你一个机会帮助宝宝和平地戒掉奶瓶。

☕ ⑪ 无休无止的奶瓶 ☕

发表在《美国公共健康》期刊上的一篇文章报道，研究人员发现在超重的学龄前儿童身上一个最令人担忧的指标（除了有一个超重的母亲之外）就是使用奶瓶的时间超长——3 岁的孩子，7 个中就有 1 个含着奶瓶入睡！

为什么要戒掉奶瓶

我们承认，孩子喜欢奶瓶是一件很自然的事情。奶瓶几乎代表了身为宝宝的一切美好事物：营养、依赖、卡路里、舒适。但是，我们有充分的理由建议你尽早让孩子戒掉奶瓶。刚开始时喝奶是为了满足营养需要，慢慢地就变成了一个难以戒掉的不健康的习惯。

🍵 🍴 再见，奶瓶 🥣

　　超长时间用奶瓶喝奶已经被证实会引发奶摄入量过大和缺铁。所以美国儿科学会建议，宝宝在 15 个月之前必须戒掉奶瓶。

•快而且省劲儿　用奶瓶喝得快而且省劲儿（几乎不用花力气），甚至在睡觉时都可以喝——在孩子几个月大时这种吮吸技巧会让他们想吃更多的东西。

•一饮而尽　吸吮比咀嚼容易得多，所以如果用奶瓶，婴幼儿很明显会选择喝奶，几乎就没什么胃口吃别的东西了。

•自我安慰　婴幼儿急切地用奶瓶喝东西并不意味着他们真的口渴——就算一给他们奶瓶他们就喝很多，也不一定就是口渴了。许多婴幼儿依赖吸吮来安慰自己——这一公认的习惯被称为"非营养性吸吮"。若婴幼儿睡前还想要奶瓶，或在夜间醒来要求喝奶，然后很快就睡着了，那么很可能吮吸只是一种安慰，而不是因为饿了或渴了。

•奶瓶里面的东西　婴幼儿持续性依赖奶瓶不仅仅是因为奶瓶本身，还因为瓶子里装的东西。很多时候，我们看到奶瓶里装的是果汁、"酷爱"牌饮料（Kool-Aid）、运动饮料和苏打水。一旦婴幼儿将这种味道与奶瓶联系起来，你肯定就更加难以将奶瓶（以及这些诱人的饮料）从他们手中拿走了。

•口腔问题　除了对于奶瓶的迷恋，婴幼儿还会喜欢喝甜品。牙齿长时间接触这种甜品不可避免地会导致龋齿。

•语言障碍　刚开始时，要想听明白婴幼儿的话很费劲儿。再加上他们一天中很多时候嘴里含着奶瓶，所以要听懂他们说什么难上加难。如果奶瓶妨碍婴幼儿说话，就要把它们放到一边。

> ☕ 奶瓶和耳部感染 🍵
>
> 　　研究表明，孩子躺着喝东西（或者从吸管杯中吮吸）的时间越多，耳部感染的可能性就越大。

事先制订计划

　　对于有些孩子来说，向奶瓶告别特别困难，因为告别奶瓶象征着告别婴儿期。面对孩子强烈的反抗，家长们很想弄明白该怎样让其戒掉奶瓶。我们建议你事先制订一个有效的计划。

迅速戒掉奶瓶

　　我们知道，一些专家建议要平稳地戒掉奶瓶：先戒掉一次以及 / 或者将奶瓶中的液体一点一点地稀释，为期数天甚至数周。这种做法并非全无道理，但是我们发现与迅速戒掉奶瓶相比，这一方法会让人情绪紧张、筋疲力尽。一旦孩子能够自己拿住杯子，我们就要一次性地、彻底地让他们戒掉奶瓶。下面的清单要记牢，它可以帮助你成功且果断地帮孩子永远告别奶瓶。

　　•准备替代品　当你准备处理掉孩子的奶瓶时，还要注意孩子可使用的其他类似品。计划一下肯定有帮助，虽然你希望在给孩子戒掉奶瓶之前，孩子能熟练地使用杯子、吸管以及 / 或者吸管杯，但如果他刚开始时拒绝使用杯子或者非要用奶瓶喝奶，那么你还要储存其他的乳制品和非乳制品等替代品，以保证钙等营养素的摄入。

　　•转变想法　你一定要转变想法——是时候让孩子戒掉奶瓶了。你自己首先要相信这样做是正确的，否则你的孩子绝对不会戒掉奶瓶。如果你没有坚定的决心，孩子很有可能会瓦解你的决心而再次使用奶瓶。

☕ 戒掉奶瓶里程碑：了解重要的时间点 🍵

•**6～9个月：拿着和拿住**　只要你的宝宝开始想要够东西，你就让他抓一个杯子并且向他介绍杯子。杯子肯定会晃动，虽然如果没有盖的话里面的液体可能会洒出来，但这恰恰给了宝宝大量时间练习用杯子喝的技巧，慢慢地宝宝就可以自己用杯子喝了。如果你还没有准备好，那么现在就是一个绝佳的时刻：不能再抱着孩子让他用奶瓶喝奶（或水）了。不管宝宝喝的是什么，你都应该认为他是在吃东西——要让他坐在高脚椅里，而不是拿着奶瓶或者杯子坐在你的大腿上。

•**12个月：减少饮用量**　你越来越希望孩子能用杯子喝奶（或水），并且尝试着把奶瓶放到一边。同时，你可以稍稍减少孩子的平均饮用量，比如，如果孩子以前每天喝大约32盎司配方奶或母乳，现在至少要喝16盎司牛奶——这样定量会使孩子更加容易地从使用奶瓶过渡到使用杯子。不管你的孩子努力想告诉你什么，减少饮用量的一个特别有效的办法就是不要让他临睡前再用奶瓶喝奶，因为1岁大的孩子根本不需要任何东西的帮助就能入睡。

•**15个月：其他的能量来源**　过完第一个生日的几个月后，孩子应该可以进食足够的食物，以满足每日的能量需要。饮品应该用杯子喝或用吸管喝，而不是装到奶瓶中喝。

•🍴**坚持下去**　越早开始让孩子戒掉奶瓶，你需要的时间或毅力就越少。可话又说回来，孩子对于奶瓶消失这件事不会一夜之间就欣然接受。如果你纵容孩子继续使用奶瓶，以至于使他们对奶瓶产生依赖，那么对于戒掉奶瓶这件事他们会更加不高兴。他们可能会拒绝杯子以示抗议，他们可能哭着在睡前要奶瓶，他们可能拒绝所有的奶，并且心情十分糟糕。对于孩子的这些反应，你可以理解，也可以安慰他，但你要相信，你正在做的让孩子戒掉奶瓶这件事是正确的。

₩₩₩ Chapter 10
睡前喝奶和睡眠不安

很多孩子依赖睡前喝奶帮助自己入睡，我们要提醒你，一旦孩子习惯了喝着奶入睡，无论是用奶瓶喝还妈妈哺乳，他们经常会喝得过多并且在夜间经常醒来。

为了弄清楚睡前喝奶是否会造成夜间睡眠不安，你先问问自己，你的孩子是不是经常一边喝奶一边睡觉。如果答案是"不""从不"或"仅在极少数情况下是"，你是幸运的，下面我们要说的，你就当做是预防措施。但是，如果你的孩子确实一边喝奶一边睡觉，甚至喝完之后还没有熟睡，只是处于一种平静的状态，然后才能熟睡，那么你就要注意了，请仔细阅读我们接下来的建议。现在你的孩子也许晚上能睡得着，但是你迟早要面对孩子突然醒来的问题，当然还有潜在的牙齿问题。

🍜 进餐里程碑：独自入睡 🍵

有一些父母很幸运，他们的孩子几乎不需要什么指导就可以独自睡觉。如果你的孩子需要喝奶才能入睡，你也不必惊慌，很多孩子都是这样。不借助任何东西就能睡着这件事似乎应该是自然而然的，但事实是，很多孩子需要有人教才能学会独自睡觉。2～3个月大时，大多数健康的婴儿完全有能力自己入睡，不需要父母的帮助、摇晃，不需要做婴儿车，不需要睡前喝奶，但事实是许多婴儿需要父母教他们怎样独自入睡。

边吃边睡带来的麻烦

在孩子很小的时候，让他们改掉一边喝奶一边睡觉这个习惯根本不可能。但若不及时对这一习惯加以纠正，以后你就会遇到麻烦。婴儿出生后，他们所做的就是吃和睡。新生儿清醒的时候真的不多，所以要把他们的吃饭时间和睡觉时间分开几乎是一件不可能的事情。新生儿的饮食和睡觉给人的感觉是一个连续的过程，吃着吃着就睡了，睡着睡着又会醒来再吃。在刚开始的几个星期里，父母们几乎不需要花费什么时间和精力就可以让婴儿该吃时吃、该睡时睡。但是，这一天终会来临：自己1岁大的孩子仍然需要含着奶瓶入睡，并且在半夜醒来要东西吃，父母们不得不在夜里醒来，无法得到充足的睡眠。

根据年龄制订战略

你可以采取下列简单的步骤来帮助孩子把喝奶和睡觉这两件事分开。

• **最初的两个月：变换场景**　在最初的第一个月或第二个月，要努力准备场地，要寻找方法将喂奶时间和睡觉时间区分开，但不要期待会有立竿见影的效果。在白天喂奶时可以试试开着灯，允许更多的背景噪音出现，并在卧室外面喂宝宝——这些措施都可以帮助宝宝将白天喂奶与晚上时间区分开。

• **2～4个月：给我指路**　在宝宝2～4个月大时，你要开始更加积极地将喂奶时间和睡觉时间区分开。如果你的宝宝很明显昏昏欲睡，你千万要忍住，不能在宝宝临睡前再喂他。在你喂宝宝时，如果宝宝确实想睡觉，并且你也相信宝宝还没吃饱——在这种情况下，你试试能不能吸引宝宝的注意力，你可以逗他玩、或者进行其他一些互动：这些互动可以确保宝宝不会因为吮吸奶瓶或乳房而越来越容易睡着。不要在宝宝不饿的时候喂他，宝宝哭可能不仅仅是因为饿，还可能是累了或者是受到了太多的刺激。最后，在宝宝最终睡着之前努力把宝宝放到床上。要提醒自己，时不时地让宝宝单独待一会儿——尤其是晚上睡觉时——让他们自己哼哼着睡觉（或者自己哄自己睡觉）对于以后养成良好的睡眠习惯大有裨益。

・**较大的婴儿：处理好习惯**　经过 4 ~ 6 个月后，乳房或奶瓶可能已经成为宝宝入睡的信号。其直接结果是，你可能会发现宝宝坚信自己需要喝点东西才能睡着，并且每当夜里醒来时宝宝也会要东西喝。如果是这样，我们强烈建议你将重点放到改变宝宝的习惯上。虽然习惯可能很难改变，但是现在开始教导孩子独自入睡还来得及。

> ☕ 🍴 **睡前不要再吮吸奶瓶** ☕
>
> 　　孩子 2 岁时，如果睡前你还给他奶瓶，那么孩子长到 5 岁半时肥胖的风险会增加 30 %。如果你的孩子一日三餐都可以吃辅食，而你还在给孩子用奶瓶，那么现在就是时候给孩子戒掉奶瓶了。

睡前程序代替睡前喝奶

实际上，习惯很难改变并且通常还是些坏习惯。改变一个习惯，你经常需要找一个东西来代替这个习惯。在应对睡前喂母乳或者用奶瓶喝奶的问题时，你可以放心，虽然你拿走了孩子最初的睡前安慰品，但是我们不会让你两手空空毫无准备的。下面的睡前程序将帮助你给宝宝提供另一种安慰品，这些屡试不爽的方法可以帮助你让婴儿以及较大一点儿的孩子成功入睡。

・**洗澡**　洗澡令人放松，干净卫生并且效果立竿见影，可以让宝宝的饮食和睡觉这两件事区分开来。这个法宝特别有效——只有特别疲惫的孩子才会在洗澡时睡着。这意味着孩子就得到这样的信息：吃东西绝对不是睡觉的信号。

・**刷牙**　最后一次给宝宝喂完东西后给他们刷牙（或牙龈），

或者在临睡前刷牙（或牙龈）都可以。我们强烈建议晚上你最后在宝宝嘴里放的东西是牙刷（在宝宝 0 ~ 1 岁时还要使用干净的橡皮奶嘴，这样可以预防婴儿猝死综合征）。

· **读书**。我们发现让宝宝临睡前戒掉母乳 / 奶瓶的最佳方法是读书。既然你不想让孩子依赖食物或饮品来入睡，那么书籍就是最完美的替代品，会让孩子知道现在你要抱他们一会儿，然后应该睡觉了。想想看，当你累了还要努力读书时，你会怎么样？没错，你一下子就睡着了。当谈到终身健康的生活习惯时，我们想不出比阅读更好的答案。

· **上床** 听话的孩子太少了（无论多么不忍心，都不要纵容孩子），所以要强迫孩子睡觉就是一件难事。我们建议你不要再强迫孩子睡觉，你要坚持实施固定的睡觉时间表，让孩子做好准备并安然入睡。一旦你打好了基础，洗澡、刷牙、读书已经成为孩子的入睡信号，那么你就应该让孩子独自睡觉。当然，这可能会有一些额外的挑战、抗议甚至还需要学习其他育儿经验（我们可以向你保证，相关的育儿经验有很多），但最终我们总是发现，如果你的工作做得好，孩子是可以学会自己入睡的。

▓▓▓ Chapter 11

吸管杯综合征

　　吸管杯是孩子学会使用杯子之前的一种过渡。吸管杯的盖子可以防漏，还有封水圈，可以防止液体溅出。吸管杯在孩子走向独立饮食的道路上是很好的陪伴，可以避免撒得哪里都是的混乱局面。所以，吸管杯已经成为现代育儿生活中的主流用品。你可能会问，我们为什么要在这本书里谈论吸管杯呢？因为吸管杯非常实用，所以孩子使用吸管杯的时间往往会特别长。父母花大量的时间试图弄明白怎样才能让孩子学会使用吸管杯，然后又要花更多的时间和精力让孩子不再使用吸管杯——这真是让人哭笑不得。父母们追求方便，当然还希望自家的地毯和爱车不被弄上污渍，所以在孩子早期的饮食中，吸管杯往往占据一席之地。我们要解决的是吸管杯什么时候会成为一个问题，还要给你提供一些相关建议和技巧，以帮助你实现一种微妙的平衡：既成功地让宝宝学会使用吸管杯，又不会让宝宝过度使用。

用吸管杯代替奶瓶

尽早使用吸管杯是比较理性的做法，因为让宝宝习惯使用任何一种杯子都是帮助宝宝成功戒掉奶瓶并且避免引发喂养大战的策略。让宝宝戒掉奶瓶时的营养障碍是他们还没有学会其他的饮食技巧，不用奶瓶喝奶就没有办法满足日常营养需要。这一障碍的解决办法就是提前规划，并确保宝宝已经充分掌握了另一种喝东西的方法。通常，解决的办法就是吸管杯。好消息是，在6～9个月时，大多数宝宝已经可以从杯子里喝东西了，而且在这一年龄段，宝宝还不会固执己见。在短短几个月内，大部分宝宝都可以学会从吸管杯中喝东西。

> ### 🍵 进餐里程碑：喝什么、喝多少 🍵
>
> 宝宝什么时候可以完全接受吸管杯，以及宝宝喝东西到底是一种习惯还是出于营养需要——要回答这些问题必须首先考虑不同年龄段宝宝的日常饮用需要。当宝宝未满1岁时，他们一般每天需要24～32盎司母乳或配方奶。与流行的观点相反，宝宝在理论上不需要额外的水或果汁。一旦宝宝过了1岁生日，他们对于奶的需要量就会下降，每天只需要16～24盎司。

学会使用吸管杯

🍴 吸管杯建议＃1：不要使用封水圈

如果吸管杯上有封水圈，宝宝从杯口吸东西喝时就需要更大的吸力和更多的技巧。事实上，你可能会发现，宝宝要等到1岁大时或者更大时才能掌握使用吸管杯的技巧，以破除阻力将饮品吸上来喝掉。如果拿掉吸管杯盖子上的封水圈，就可以让饮品更容易地被吸上来，这样就可以减少宝宝遇到的阻力，让宝宝在不到1岁时就对从杯子里喝东西更加感兴趣。要记住，有时候宝宝也会洒出一些饮品，你要制定相应的对策。

☕ 拿起和分离 🍵

为了慎重起见，当你清洗吸管杯的盖子时，你需要花时间把盖子和封水圈分开，将封水圈和杯口彻底清洗。你让宝宝喝的牛奶和其他液体可能会藏在吸管杯的角落和缝隙里，然后很快会发霉。幸运的是，我们看到过的每一个吸管杯都可以用洗碗机清洗，并且洗碗机的篮子都可以放小型的婴儿喂食工具。

■ 🍴 吸管杯建议＃2：调换杯中的饮品

第一次给宝宝用吸管杯，吸管杯中放的是什么饮品非常重要——这会影响到宝宝是否接受这种新的喝法，以及宝宝能否学会从吸管杯中喝东西。第一次给孩子使用吸管杯时，父母往往会选择在里面放上水。这种做法非常有意义，因为可以避免混乱，当然今后还可以让宝宝们接受水并且防止蛀牙。然而问题是，有些孩子会坚定地相信吸管杯里就应该吸出牛奶而不是其他任何饮品，他们绝对不会接受其他的东西——宝宝们的这种期待会妨碍你给宝宝戒奶和戒奶瓶的计划。我们发现，如果你在吸管杯里放上宝宝更加熟悉的饮品（如配方奶或母乳），宝宝会更加容易接受这一新的喝东西的方式，从而避免今后的战争。

■ 🍴 吸管杯建议＃3：做好准备——宝宝可能会蔑视吸管杯

你要学会见机行事。如果传统的吸管杯不被宝宝接受，你可以尝试类似款式的杯子，但是这个杯子在杯口处要放上吸管。虽然带吸管的杯子不如吸管杯那样可以有效地防止泄漏，但是它可以帮助你实现孩子的营养目标，因为许多宝宝虽然对放着吸管的杯子不屑一顾，但是却喜欢使用杯子里的吸管。话虽如此，仍然有一些定力特别强的宝宝，他们对于吸管杯或吸管都不为所动。如果你的宝宝恰好是这种情况，不要着急，其实吸管杯并不是必须使用的。即使你的宝宝就是不用吸管杯，这也只是一个暂时性的问题。你完全可以把吸管杯放到一边，以后再再让宝宝使用，或者也可以完全不用吸管杯，直接从奶瓶过渡到正常的杯子。

该放下时要放下

在我们认识的家庭中，绝大多数都有1个（或10个）吸管杯。毫无疑问，我们的地毯和汽车的磨损程度会轻一些，因为多年来我们使用吸管杯来避免液体洒或溅在上面——吸管杯是一种简单且廉价的应对之策。但事后看来，我们发现自己不得不面对一个相当严峻的育儿警示：吸管杯是父母最好的朋友，这一点不难理解，但是吸管杯可能会使你的孩子养成一些不健康的习惯。

请花1分钟时间想想，有多少孩子将身边的吸管杯看作是长久的伙伴。孩子们对于吸管杯倾注了深厚的感情，这些很实用的塑料不知怎的竟已取得可以和安全毛毯相提并论的地位。这样说的证据是：无论在哪里，你都能看到吸管杯的身影——私家车里、婴儿车里、医生办公室里、幼儿中心甚至玩具箱里，这一现象在全美国比比皆是。我们观察到的这一现象使我们考虑两个非常重要的营养问题：孩子真的需要喝那么多吗？还有，经常喝东西对他们有好处吗？这两个问题的答案都是否定的。但是经验告诉我们，让幼儿不再使用吸管杯说起来容易、做起来难。因此我们决定与你分享这些建议，希望能帮助你成功地让孩子不再使用吸管杯。

■ 🍴 吸管杯建议＃4：需要喝的时候再喝

设置限制。使用吸管杯时，孩子可以想喝就喝，而且不用得到允许就喝。你要限制孩子使用吸管杯的次数，只有孩子真正需要喝的时候才能喝，这包括孩子在做其他日常活动时不能习惯性地喝东西，尤其不能在睡前喝东西。

■ 🍴 吸管杯建议＃5：避免滥用

有人说，当今吸管杯对于幼儿而言就像是手机对于青少年一样。在这两种情况下，制订（并且坚持）不允许滥用这一规定是很有帮助的。尽量限制孩子对于吸管杯的使用，这样大部分时间他就会坐着喝东西——再理想一些，他会一边喝东西一边吃饭或吃零食。我们可以向你保证，如果每次想喝东西时，你都让孩子停下他们正在做的事情并到餐桌前坐下，过多使用吸管杯以及过于依赖吸管杯的现象都会大大减少。

🍴 吸管杯建议 # 6：不要吸太久而且不要太甜

孩子特别喜爱自己的吸管杯，往往他们也喜欢吸管杯里的含糖液体。不幸的是，吸吮吸管杯并不像吮吸奶瓶一样，因为你（以及全国各地的牙医）会发现吸管杯会造成孩子的牙齿问题。戒掉奶瓶后很久，孩子仍然有可能会让牙齿浸泡在可能引发蛀牙的液体中，这些液体通常被倒入他们的吸管杯里，最终会像奶瓶一样引发蛀牙。我们的建议是：不要让你的孩子长时间地吮吸，因为长时间吮吸肯定是习惯性喝东西的标志。还有，让孩子在吃饭的时候喝奶，不要在吃饭以外的时间喝奶，吃饭以上的时间让他们喝水。

🍴 吸管杯建议 # 7：尽早戒掉

旧习难改，所以最后我们建议：当孩子已经戒掉奶瓶但还没办法完全使用正常的杯子时，可以使用吸管杯。但是只要孩子能够使用杯子（通常在 2 ~ 3 岁时），不要忘了换掉吸管杯，让孩子使用真正的杯子，不能完全依赖吸管杯来解决孩子溅洒东西的问题。

Chapter 12

牛奶应该怎样喝

牛奶常被称作完美的食物，因为除了钙和维生素 D 之外，还有蛋白质、糖和脂肪。牛奶经常被推荐为日常饮食中不可缺少的一部分，这一点不难理解，但是要让孩子们用跟我们一样的眼光看待喝牛奶这件事就很难。和牛奶有关的喂养挑战：喝得太多，喝得太少，以及偶尔情况下睡前喝牛奶。

牛奶里面有什么

在把注意力转向孩子应该喝多少牛奶之前，我们想让你先看看为什么应该把牛奶摆在第一位。

· **钙** 确保孩子在童年时得到充足的钙特别重要，这其中有很多原因，原因之一就是充足的钙会使骨骼和牙齿健康。为了防止成年后骨质疏松等问题，一定要在孩子生命初期就储存充足的钙，最好从十来岁前就开始补钙。这就是牛奶的用武之地：牛奶是儿童主要的钙来源。每 8 盎司牛奶含有约 300 毫克钙，钙含量极为丰富。1 ~ 3 岁的孩子每天应该从饮食中获得 500 毫克钙，所以一天 2 杯牛奶就可以既解渴又满足孩子对钙的需要。但值得注意的是，4 ~ 8 岁的孩子每天钙需要量增长到 800 毫克，9 ~ 18 岁每天需要钙 1300 毫克。

· **减少还是保持脂肪含量** 各种奶的钙含量大致相同，但是脂肪和卡路里含量则大不相同。有些家长将脂肪在孩子饮食中的作用看得过于简单，他们认为脂肪含量越少越好。减少饮食中脂肪的含量对于许多成年人有好处，孩子的饮食中不能没有脂肪，除非脂肪会引发孩子肥胖或其他健康问题，因为大脑发育需要脂肪。专家建议，2岁以下的儿童应喝全脂牛奶或脂肪含量为2%的牛奶；2岁以后，孩子应该喝脱脂牛奶或者脂肪含量为1%的牛奶。

🍚 脂肪事实 ☕

为便于比较，下面列出各种牛奶的脂肪和卡路里含量。以下为每8盎司牛奶中脂肪和卡路里的含量。

全脂牛奶	4%的脂肪	8克脂肪	150卡路里
2%脂肪含量的牛奶（降脂）	2%的脂肪	4克脂肪	120卡路里
1%脂肪含量的牛奶（低脂）	1%的脂肪	2克脂肪	100卡路里
脱脂（不含脂肪）牛奶	0%的脂肪	0克脂肪	80卡路里

不同年龄应该喝什么牛奶

下面的方法可以根据孩子的年龄计算出应该给孩子喝哪一种牛奶以及什么时候喝。

• **年龄小于1岁：不喝牛奶**　至少不喝普通的牛奶。孩子不到1岁时，唯一应该喝的奶就是母乳和/或配方奶，在最能喝的时候（大约6个月大时）一般每天喝32盎司。如果婴儿喝的比这个量还要多，就应该给他们吃更多的食物。

• **1～2岁：全脂牛奶**　2岁以下的孩子要比年龄较大的儿童和成年人需要更多的脂肪，这样才能满足其快速成长和大脑发育的需要。所以，大约一半儿的幼儿每天所需的卡路里来自脂肪，而全脂或者2%脂肪含量的牛奶是重要的脂肪来源。孩子开始喝牛奶时，喝奶量应该下降到一日2～3杯，每杯容量8盎司。

• **2岁以上：从降脂牛奶到脱脂牛奶**　孩子2岁后，最好限制其脂肪摄入量，每日脂肪摄入量不能超过所摄入的总热量的

1/3。让孩子喝降脂牛奶（2%脂肪含量）、低脂牛奶（1%脂肪含量），或者最好是脱脂牛奶（不含脂肪），这样可以最快且最简单地帮助孩子减少脂肪的摄入量。2 ~ 8岁的孩子每天建议喝2杯降脂、低脂或脱脂牛奶，9岁及更大的孩子建议每天喝3杯。

⑪ 拒绝不必要的牛奶脂肪

你把牛奶由全脂牛奶换成低脂或脱脂牛奶时，一些孩子不会注意到其中的不同，而另一些孩子对于全脂牛奶丰富的奶油口感十分熟悉，他们难以接受奶油味减少的低脂牛奶。如果你发现孩子需要慢慢地才能养成喝脱脂牛奶的健康习惯，那么你就要一点一点地减少牛奶中脂肪的含量。你可以先让孩子喝全脂牛奶，然后喝脂肪含量为2%的牛奶，再等一段时间后让他们喝脂肪含量1%的牛奶，最后喝脱脂牛奶。

☕ 明智的替代品 ☕

当制作需要添加牛奶、黄油和 / 或油的食品（如通心粉和奶酪、烘焙食品或者面食）时，你可以减少不必要的脂肪含量：尝试减少黄油和油的用量，使用脱脂牛奶或多加水，不要使用2 % 脂肪含量的牛奶。对于烘焙食品，你也可以使用苹果泥代替黄油或油。

⑪ 喝得太多：不知节制

喝牛奶时，孩子们完全有可能喝得太多。孩子们如果得到允许在过完1岁生日时还继续用奶瓶喝奶，以及 / 或者得到允许在饭前、饭中和饭后使用吸管杯喝奶，那么他们更会不知节制地喝牛奶。过度喝牛奶不仅会使孩子食欲下降或食欲全无，而且会引发严重的便秘，甚至引起缺铁和贫血。

如果你的孩子喝奶过多，那么就使用下列的一些方法或所有方法来使孩子的牛奶摄入量降到适宜的水平。

• **用杯子喝**　孩子们如果使用奶瓶的话，他们可以轻易地喝很多牛奶，把牛奶倒到杯子里可以减少孩子的牛奶饮用量（并且开始帮助孩子戒掉奶瓶）。

• **进餐时喝奶**　不要让孩子一整天都喝奶，只在吃饭时才让孩子喝奶，吃完饭后让孩子喝水、吃零食。

• **先给吃的**　如果孩子光喝牛奶不吃饭，那么你就要先给孩子吃的，然后再给孩子牛奶喝。你要做好准备并下定决心，给孩子喝足量的水而不是牛奶。还要意识到这样做是必要的，但是可能会使孩子发脾气。

🍴 喝得太少：当孩子说"不"时

有的时候孩子喝太多的牛奶，而有时候，你会发现曾经很喜欢牛奶的孩子有一天醒来后一点儿也不想喝牛奶了。导致这种情

☕ 什么奶 🥛

在本章中我们提到的主要是牛奶，因为牛奶容易获得而且是美国消费量最大的奶产品。但是在一些情况下，有的家庭可能会根据个人喜好、过敏考虑、消化问题等因素选择豆奶、羊奶、谷物奶、杏仁奶或者其他类型的奶。无论你选择什么样的奶，要记住不同的奶中蛋白质、脂肪、碳水化合物、卡路里的含量有很大的不同。所以在选择购买什么样的奶时要咨询儿科医生，而且我们强烈建议你检查奶的标签，以确保你买的奶经过巴氏消毒。

况的原因有好几个，你需要耐心以及坚持地去尝试、尝试再尝试。

· **改变容器**　孩子不喝牛奶的一个最早和最常见的原因并不是不喜欢牛奶，而是不喜欢盛牛奶的容器。当你把容器从奶瓶换成杯子时，就算那些喜欢牛奶的孩子也会固执地拒绝所有你提供的饮品。除非孩子在很小的时候就接触到这个概念——水（以及果汁）并不是杯子里盛的唯一东西，而除了奶瓶、妈妈的乳房外其他容器中也会有牛奶——否则孩子们会轻易地相信他们的杯子里绝对不会盛着牛奶。如果好几个月已经过去了，而你仍未让孩子明白这一概念，那么要让孩子从杯子里喝牛奶肯定会引发战争。虽然我们建议你一定要用杯子盛牛奶（还要避免诱惑，不能再次让孩子使用奶瓶），你也可以再缓缓，让孩子吃一些含钙的食物或者让儿科医生开一些钙和 / 或维生素 D 补充剂。

· **牛奶的味道**　一些 1 岁大的孩子要花一段时间才能适应牛奶的味道，要做出调整、接受牛奶则要花几周甚至几个月。如果你的孩子也是这样，那么你可以尝试把孩子更容易接受的母乳或配方奶和全脂牛奶混合在一起，慢慢地孩子就会适应不同的口味。例如，刚开始时将 3/4 杯的母乳或配方奶和 1/4 杯的全脂牛奶混在一起，然后一半的母乳或配方奶和一半的全脂牛奶混在一起，接着继续以孩子可以接受的速度增加牛奶的比例。

🍲🍴 牛奶的温度 🥛

　　如果你的孩子一直能喝上温暖的母乳或配方奶，那么对于喝没有温度的牛奶他可能并不热衷。为了鼓励他喝下一杯没有温度的牛奶，你可以将牛奶加热，再让孩子喝掉。以后给孩子牛奶喝的时候就慢慢降低牛奶的温度，用不了多久孩子就会欣然接受刚从冰箱里拿出来的牛奶了。

• **管理食品** 从孩子开始吃辅食的那一天，你就应该开始负责实现一种平衡：不要让孩子喜欢吃饭、不喜欢喝牛奶，也不能喜欢喝牛奶而不喜欢吃饭。

无论你让宝宝喝什么样的牛奶，都要注意孩子总体的饮食摄入量。如果孩子喝得过少，那你就想想是不是奶之外的食物吃得过多，没办法再喝奶了。如果是这样，那就在吃饭之前而不是吃饭之中或之后给孩子喝奶，有必要的话再给孩子吃点零食。

• **失宠** 对于所有年龄段的孩子而言，最大的而且是持久的挑战就是牛奶不可避免地会失宠。简单来说，牛奶可能（而且经常会）被其他饮料替代，例如果汁和汽水，但是这两种饮料的营养价值很低。即使是水这种适当饮用就有好处的饮料，也会影响孩子对于牛奶的摄入量。

• **在奶中添点儿东西** 在理想状态下，所有的孩子都能直接喝牛奶——不用加糖也不用加颜色。但问题是，许多孩子并不会这样做，所以很多父母忍不住会往牛奶里添加其他东西，以期望孩子们能喜欢喝。对于大多数孩子而言，他们最不需要的就是更

☕ 重要的维生素 ☕

维生素 D 和钙密不可分，维生素 D 被视为儿童重要的营养素——可以降低患骨质疏松症的风险，对免疫系统中有重要作用，甚至可以预防感染、自身免疫性疾病、癌症和糖尿病。维生素 D 有这些好处并且摄入维生素 D 十分安全，所以美国儿科学会将维生素 D 的建议摄入量翻了 1 倍——从每日 200IU 提高至每日至少 400IU。8 盎司容量的牛奶杯中含有 100IU 维生素 D，大多数哺乳期的婴儿、幼儿和青少年可以获得所需的维生素 D。此外，你也可以给孩子补钙，你可以留心一下强化橙汁、华夫饼干和面包标签上的钙含量。

多的糖。但是能让孩子们喝牛奶从而摄入钙，我们可以在牛奶里添加一点点巧克力、草莓粉或者糖浆。应该添加多少口味由你决定，以后再慢慢地减少添加量。要记住，除非特别需要，否则不能太快使用这个办法，也不能长时间使用这一方法，因为这样做很容易使孩子产生依赖性。

· **寻找替代品**　尽管你尽了最大努力，但有些孩子就是不喝牛奶。如果你的孩子从牛奶中得到的钙不足——无论孩子钙摄入量不足是暂时的还是长期的——你也不用太担心，你可以选择多种替代品帮助孩子补足这一重要的矿物质。只是你要知道，许多补钙产品中并不含有牛奶中含有的维生素 D。

⑪ 睡前喝牛奶

等到孩子长到 1 岁时——有时候还会提前几个月——睡前给他们喝牛奶只会造成麻烦。睡前喝牛奶肯定会使孩子营养超标，而且还可能损伤牙齿并扰乱睡眠。所以我们强烈建议你在晚饭时让孩子喝最后一次奶。

Chapter 13
让孩子爱上喝水

关于水，我们最重要的发现是——许多孩子每日的饮水量远远不足。我们知道大多数家长开始时很注意给孩子喝水，大部分孩子也乐意喝水——他们会吮吸着喝、吸着喝甚至舔着喝。然而我们不知道的是，短短几年中水究竟为什么会经常被忽视呢？经过思考，我们认为这一切都是因为水的光彩被果汁、汽水以及各种更诱人但缺乏营养的饮品掩盖了，那些饮品出现在孩子的杯子里、吸管杯中甚至奶瓶里。因此，我们认为很有必要谈一谈怎样才能让孩子以健康的态度看待水，并且帮孩子喜欢上这一几乎无味的饮品。

不同年龄如何喝水

孩子在最初的几个月一直都是喝母乳和/或配方奶，你可能会认为：宝宝们不会喜欢把东西混起来喝，而且对于任何新的东西他们都会不感兴趣、不信任甚至完全不屑一顾。但往往孩子对于水的反应就像鱼对于水的反应一样——他们乐意接受水。关于水最初的挑战不是怎样让宝宝喝水，而是判断该给宝宝喝多少水。下面是一些已被接受的准则。

• **不到 6 个月大**　虽然很多家长觉得很难相信，但是不到 6 个月大的婴儿实际上并不需要喝水。我们说过你不需要在母乳和配方奶之外给孩子喝水（当然在冲配方奶粉的时候肯定要加水，这一情况除外），这是因为婴儿从母乳和/或配方奶中已经得到了所需的所有水分。

•**6个月以上** 孩子长到6个月大时是让他们喝水的绝佳时机，但是你也要注意在1岁大之前孩子实际上并不需要很多水。普遍的观点是，一旦婴儿6个月大了，如果你很想让他喝水，可以每天给他喝4~6盎司水。请记住，当孩子开始吃辅食时，他们从辅食中也会得到水。

🍵 别忘了食物中有水 🍵

水其实有多种形式。如果你有兴趣追踪记录孩子一天到底喝了多少水，那么不要忘记孩子每天食用了多少种含水的食物，那些食物中都含有水。以下是营养和饮食学院（Academy of Nutrition and Dietetics）给出的例子，水果、蔬菜和其他富含水分的食品中都含有水分。

生菜：含水量95%　　　　西瓜：含水量92%

西蓝花：含水量91%　　　胡萝卜：含水量87%

酸奶：含水量85%　　　　苹果：含水量84%

孩子开始蹒跚学步时，我们建议你在吃饭时给孩子喝奶，吃零食时给孩子喝水。这不仅保证了孩子会养成喝水的习惯，还会保护牙齿不受含糖液体的持续猛攻，控制卡路里含量，并且减少孩子对果汁和/或汽水的饮用。

水是喝得越多越好吗

一旦你的宝宝愿意喝水，下一步就要考虑这个问题：水是喝得越多越好吗？喝水是件好事，但喝太多的水并不一定好。在下面的情况下，水就可能带来问题。

• 有些孩子张开双臂抱着装满水的杯子或奶瓶，有时候水会洒到身上。对于成年人来说，多喝水这个建议可以帮助你控制食欲，但是千万不要让孩子因为喝太多的水而导致热量摄入不足。

• 孩子越小（特别是不到 6 个月的婴儿），水中毒的危险越大。水中毒是一种因过量饮水而引发的身体钠含量下降到危险水平的严重疾病。

• 要知道，有时候孩子对于水的喜爱和 / 或过度口渴都可能是一种信号，表明一种潜在的医学问题。如果你的孩子突然开始大量饮水，不要犹豫，马上带孩子去医院就诊。

一天必须喝 8 杯水吗

每天应该喝多少水呢？对于这一问题大多数父母的参考标准就是"他们"说每天应该喝 8 杯 8 盎司的水。可是，"他们"到底是谁呢？"他们"几乎是我们知道的每一个人。当然，这并不意味着他们每天都喝 8 杯 8 盎司的水——只不过这个 8×8 的标准被很多人吹捧，成为了保持健康和使肾脏健康的正确之举。说完这些，你可能对这件事感兴趣：达特茅斯学院的一位肾病专家在几年前决定找出这一说法是根据科幻小说还是出于事实。"他们"究竟是从哪里得知了这一信息的。该肾病专家能得出的结论就是，国家研究院食品与营养委员会（Food and Nutrition Board of the National Research Council）之前推荐"每吃 1 卡路里食物喝 1 毫升水"——这一推荐量被解读为每天应喝约 2 升（约 64 盎司）水。这一推荐后面还有一句话——这些水从食物中也可以获得。但不幸的是，这句话似乎被人们忽略了，人们对于水的疯狂痴迷接踵而至。无论是哪种原因，每天 8×8 盎司水绝对不适用于儿童。孩子想喝水时就能喝到水，并且当天气炎热以及 / 或者孩子跑来跑去做了很多运动时你要鼓励孩子多喝水——只要做到这些，孩子就会更加健康，而不是必须每天喝 8 杯 8 盎司水。

不要忘记氟化物

　　20世纪40年代氟化物被添加到公共饮水系统中，随后蛀牙现象显著减少。人们认为含氟自来水是解决地区健康问题的理所应当之举，而自来水中未使用氟化物的地区往往会忽视了氟化物的好处。此外，现在很多人只喝瓶装水，所以很多孩子很可能没有喝到这一重要的矿物质。疾病控制和预防中心建议，6个月至16岁的孩子要摄入氟化物，或者饮用含氟化物的水或者使用氟化物替代品。孩子在6个月前，我们并不建议他们摄入氟化物。如果你担心孩子摄入过多的氟化物——氟化物可能会引发牙齿的珐琅质发生变化，那么你应该向当地的自来水公司了解水中有多少氟化物。另一种选择是：使用低氟化物的瓶装水（这些瓶装水的外包装上通常会标注"纯化""去离子""脱矿质"或"蒸馏水"）。通过咨询儿科医生和／或牙医，你可以知道孩子喝的水中氟化物是否适量。此外，一定要阅读本书"刷牙"部分的更多护牙建议。

🍵 什么样的水 🍺

　　• **自来水**　自来水通常可以让婴幼儿饮用。在美国，自来水无须煮沸就可以直接饮用。如果你出于某些原因对于水的质量和纯度感到担心，可以咨询儿科医生、检查自来水供应商的年度报告或者致电当地卫生部门。你可以在罐壶、水龙头或者冰箱出水口上使用滤水壶（如Brita或Pur）。

　　• **瓶装水**　瓶装水已经变得相当流行，虽然贵但是更方便。要知道，大多数瓶装水中没有氟化物，并不比自来水干净或安全。瓶装水虽然没有味道，但是里面可能含有糖分或人工甜味剂。

　　• **井水**　如果你打算给孩子饮用井水，那么你最好事先检测一下。井水中硝酸盐含量较高，可以干扰血液中的氧输送，引发小婴儿的高铁血红蛋白血症或者或青紫婴儿综合症等潜在的严重疾病。此外，井水中可能含有其他污染物。

🍴 睡前最后一次喝水

　　睡前让孩子喝水已经成为一种普遍现象，但其实没有必要这样做。让孩子在临睡前喝一杯水，往往会使孩子养成睡前喝东西的习惯，或者成为孩子拖着不睡觉的借口。在 1 岁或者更大些时，大多数孩子不用喝东西也能睡着。此外，睡前喝东西会增加孩子起夜去厕所的概率。所以我们建议晚上临睡前不要给孩子喝东西。如果要给孩子喝东西，要确保孩子不会产生依赖。

Chapter 14

果汁，喝还是不喝

多年来，应不应该让儿童喝果汁这个问题一直难以回答。毕竟，要应对儿童肥胖问题就肯定要限制孩子的糖分摄入量，而果汁——无论是盒装、袋装、盛在吸管杯里还是用吸管喝——肯定含有糖分。事实上，当我们开始写这本书的第 1 版时，那时最新的研究结果让我们相信果汁和芬达汽水一样，都是引发儿童肥胖（当然还有蛀牙）的罪魁祸首。毕竟，糖分就是糖分。每 12 盎司 100% 纯葡萄汁的卡路里含量是葡萄汽水的 1.5 倍。此外，一些小规模的初步研究表明，儿童肥胖与他们饮用果汁之间有某种联系。这些发现令人忧心忡忡。但是，果汁与汽水不同，也不像汽水那样缺乏营养价值，100% 纯果汁已经证实含有较高的营养价值。随后几项大型国家研究得到了关于孩子、果汁、营养和肥胖的一些有趣的数据，但是没有找到证据表明 100% 纯果汁会引发儿童肥胖。这些新的发现使我们重新评估对于果汁的态度，并据此重新制订了与果汁相关的建议。

与果汁相关的建议

如果你计划在孩子的饮食中负责任地加入果汁，那么当你这样做时，我们建议你采取下列措施：

·确保是纯果汁　非 100% 纯果汁饮品中添加了糖和 / 或甜味剂，可能增加孩子发生蛀牙的概率以及卡路里含量。

·1 岁以前不要让孩子喝果汁　特别是不要让孩子从奶瓶中

喝果汁。

• 不要让孩子长时间地啜饮果汁（或任何其他含糖液体）。不管是用奶瓶、吸管杯还是杯子，牙齿只要接触到含糖液体就可能会引发严重的蛀牙。

• 用水稀释果汁。

• 只要条件允许，鼓励孩子吃新鲜、完整的水果。

• 只要有可能，让孩子喝含有果肉的果汁，这样可以摄入纤维素。

• 确保果汁不会让孩子对牛奶和水完全失去兴趣。

• 购买巴氏杀菌的果汁（保质期长、易于冷藏或者特别推出的适宜冷藏的果汁），以避免孩子喝完后出现感染，从而引起腹泻。

• 美国儿科学会确实建议可以让孩子饮用100％纯果汁，但是你要注意要根据孩子的年龄提供果汁（不到6个月的孩子不能喝果汁，稍大点儿的婴儿和幼儿每天果汁摄入量不要超过4～6盎司）。

• 密切留意孩子饮用果汁过多的信号，例如蛀牙和腹泻。如果得到许可，年幼的孩子往往会长时间吸食含糖液体，所以他们刚长出来的牙齿就会处于相当大的风险之中。2～3岁的孩子往往特别能喝果汁，有时候喝得太多，引起长时间的腹泻。

喝果汁不如吃水果

关于100％纯果汁——苹果汁、葡萄汁或其他果汁——我们知道多少呢？首先，我们知道就算是100％纯苹果汁，其营养价值也不如吃一个苹果高。但是，100％纯果汁确实可以使孩子摄入更多重要的营养素，例如维生素C。人们对于果汁的担忧固然不无道理，但是请放心，研究表明，喝果汁似乎并不会影响孩子食用其他营养食物和饮料（最重要的是不会影响孩子对于水果和牛奶的食用）。

🍲 🍴 果汁的别名 🍵

果汁的名字意义重大。如果说果汁饮料、果浆和果汁浓缩液都有一个共同点，那就是它们的营养价值都不如100%纯果汁高。为了确保孩子喝下的果汁是健康的，我们想说清楚：并不是所有的果汁都是一样的。关于果汁的营养价值，最新的研究结果仅适用于100%纯果汁。

Chapter 15
别让孩子喝汽水

虽然在一起工作了多年，但我们俩来自美国两个不同的地区。最近我们才发现，对于软饮料，我们的称呼并不相同。杰尼弗称之为"苏打水"，而劳拉称之为"汽水"。但有一点我们都同意：当谈到苏打汽水和我们的孩子时，我们都希望孩子们不再喝苏打汽水。关于苏打汽水的喂养大战在于，你首先要说服自己值得为之一战，然后再下定决心让孩子不受汽水的诱惑——这个事情说起来容易、做起来难。无论你说的是橙色、棕色、紫色还是无色的汽水，有一点是十分清楚的：一旦孩子喜欢上了软饮料的味道，你就没办法消除他们的这种喜爱。你先不要忙着向汽水行业挥白旗投降，我们想告诉你一些事实，以帮助你打赢这场苏打汽水之战。

一小口就能上瘾

让我们面对现实吧，苏打汽水的味道不错，真的很不错。实际上，汽水很好喝，我们知道很多父母也无法抵制苏打汽水。而经验告诉我们，如果你自己经常手里拿着一听汽水，那么你会轻易地决定：以后你会时不时地给孩子也喝点儿汽水尝尝，这样做并不会给孩子造成真正的伤害。让我们面对现实吧——喝一点点、尝一小口就会使孩子上瘾，无论是在生日聚会这种特殊场合，还是在餐厅、飞机或自己舒适的家里，孩子都会上瘾。你算算，这一小口加起来会是多少糖分，更不用说孩子还很有可能会难以抑制地想再喝一些。所以，在你让孩子喝一小口汽水之前，我们建

☕ **软饮料的味道** 🍵

　　我们指的毕竟是年产值数十亿美元的行业。软饮料通过某种方式已经走进了我们的心中和家里（学校当然也不例外）。尽管近年来软饮料的销量有所下降，但碳酸饮料的总销售远远超过了牛奶的销量（大约每年数十亿美元），美国还是世界上碳酸软饮料的最大消费国。由此产生的挑战：美国儿科学会估计56％～85％的孩子每天都会喝软饮料。

议你要谨慎：一小口就可能让你的孩子对汽水上瘾，并让你疯狂地翻到本书"哭着吃饭"那一章。

令人警醒的糖分数据

　　只要我们仔细看看孩子不健康的饮食习惯以及关于肥胖的战争，我们就会把糖看作罪魁祸首。如今孩子每天的糖分摄入量是建议摄入量的两倍，大部分糖分来自苏打汽水和其他含糖饮料。一旦你意识到每12盎司苏打汽水就含有10茶匙（约1/4杯）糖，你就会很容易明白每天喝一瓶软饮料会使孩子肥胖的概率提高60％，你也会更加难以忽略这样一个事实：苏打汽水其实就是流动的糖浆。我们说得够多的了，但是还要提醒大家，近几年来苏打汽水的瓶子越来越大，每瓶或每桶能盛20盎司而不是以前的12盎司汽水。

苏打汽水的特殊效果

■ 烦人的气泡

我们不用说你也知道，苏打汽水中的碳酸会导致打嗝。要让刚学会打嗝的孩子结束打嗝已经是一件很难的事情，想想吧，你是否要火上浇油。

■ 咖啡因快感

我们认为大多数父母都亲自见识过咖啡因的影响，所以我们不会再细说。只是请考虑一下这个问题：你真的是不希望自己的孩子喝碳酸饮料时就亢奋不已而不喝时就郁郁寡欢？大部分健康和营养专家都认为咖啡因对孩子没有好处，更多的咖啡因意味着尿裤子和弄脏衣服！对于那些训练有素不怎么尿床的孩子来说，咖啡因都是一个很大的挑战，更不用说对于那些还在学习怎样才能不尿床的孩子了。

☕ 咖啡因含量 ☕

多数可乐型汽水都含有大量咖啡因：12盎司可口可乐或百事可乐里含有大约40毫克咖啡因。话虽如此，你可能仍会感到惊讶：不同品牌的饮料中咖啡因含量大不相同。雪碧和Sierra Mist等清凉饮料不含咖啡因，但是有色饮料——包括橙色和黄色饮料——都含有咖啡因。

■ 刺激脆弱的胃

苏打汽水可以填满孩子的胃，让孩子吃不下其他食物——这可能意味着孩子喝不下奶，也可能意味着孩子食欲下降，吃不下更健康的食物了。

远离苏打汽水

• **放下汽水或者至少悄悄放下你的汽水**　你的话孩子可能不会听，但是你的行为孩子很可能会模仿，而这就是你为孩子树立健康榜样的绝佳机会。限制你自己的苏打汽水摄入量——就算你没办法一下子戒掉汽水，至少在孩子面前要控制汽水的饮用量。

• **让汽水消失**　让软饮料从公立学校消失是一个全国性的目标，也是一个崇高的目标，这个目标需要父母们承诺他们会积极参与到孩子的学校活动中。在此期间，我们当然希望你尽早地让苏打汽水在你家里销声匿迹，因为让苏打汽水从家里消失是最健康的选择，也是你最有控制权的选择。

• **限制饮用量**　如果你选择让孩子喝汽水，那么尽可能地让孩子稍大些再喝汽水，并且要控制汽水的饮用量。那么，合适的饮用量是多少呢？没有统一的饮用量，但是我们建议你一周最多让孩子喝一罐汽水。请记住：喝得越少越好。

• **把汽水看作是甜品**　汽水应该被算作甜品，这样一来，孩子长大后就会意识到汽水、果汁、蛋糕、冰淇淋以及所有其他甜食都是偶尔才能吃的东西，它们不能取代真正的三餐或者有营养的饮品。

Part 4

饮食行为及喂养难题

Chapter 16

到处都是吃的，就是一口不吃

　　老话说得好，给孩子吃的，你说了算；吃不吃，孩子说了算。对这种说法，我们举双手赞同。理论再宏大，不服务于实际也于事无补。跟父母抱怨的其他饮食问题比起来，孩子不吃饭是最让父母头疼的。父母总觉得孩子身体缺这少那，担心孩子牛奶喝得不够，水果、蔬菜吃得不多，甚至连白米饭都怕孩子没吃饱，有时候还会以"为你好"的名义逼孩子吃饭（能忍住不逼孩子吃饭的父母少之又少）。虽然父母的出发点是好的，是为了让孩子吃到营养均衡的食物，可是父母还要明白一个道理：要想达到这个目标，其实根本用不着费那么多力气去干涉孩子吃饭。

🥣 不要强迫孩子吃饭 🍵

　　强迫孩子吃饭——这万万行不通。别忘了，我们使尽浑身解数不只是为了把饭喂进孩子的嘴里，我们为的是把影响其一生的健康饮食习惯灌输到孩子的脑袋里。孩子饿了，很快就会学会自己找吃的，这是天性。相反，他们不饿，就没心思吃。饿了就吃，这是人体固有的生物节律。如果家长在孩子不饿的时候强迫他们吃饭，那么这些内在的调控机制就会被破坏。

孩子为什么不爱吃饭

现如今，孩子不爱吃饭的现象似乎愈演愈烈，所以是时候解决一下这个难题了。在我们看来，孩子不吃饭，有以下几点潜在因素值得探讨。

- **领会错误**　孩子已经吃饱了，但你没有意识到这一点。

- **食欲问题**　他们根本就不饿。

- **原则问题**　孩子可能是饿了，但是他们挑剔的毛病一上来，想摆脱父母的情绪一作祟，控制他人的欲望一占上风，可能就不乐意吃饭了。

- **健康问题**　孩子在病前、病中和病后的一周或几周内都有可能不吃饭。

吃多饱才算饱

当你冥思苦想孩子到底有没有吃饱之前，请先考虑一下，是不是你对孩子的饭量期望值太高了？换句话说，吃多饱才算饱？这时候你就需要问问自己了：孩子是压根儿一口没吃，还是没把一整盘吃个精光？孩子到底是营养没跟上，还是吃得很正常、长得也很正常呢？

🍲 谨慎权衡 🍵

先不要被孩子在餐桌上的表现迷惑，衡量孩子有没有吃饱的最好方式就是：密切关注孩子生长曲线的发展趋势。孩子东跑西颠没吃几口，你就觉得耽误他长身体了，可是，不断增长的体重和各项正常的发育指标不都说明孩子好好的嘛。如果孩子的体重真的没跟上，那么家长就得找儿科医生帮忙了。

"光盘"俱乐部

一顿饭结束，只要盘子里还有剩的，很多父母就觉得孩子一口也没吃。现在的成年人，不管是父母这辈还是祖父母这辈，他们的童年大多是在家长"吃饭不许剩"的命令中度过的。那些从小就在这种饮食环境中成长起来的孩子，免不了总会记起爸妈时常挂在嘴边的那句话："……【此处插入某发展中国家的国名】的孩子吃不上喝不上，就算吃你剩下的，他们都得谢天谢地了。"所以我们小时候老在幻想，怎么才能把这些没吃完的饭菜寄给国外吃不上饭的小朋友（当然，除此之外，心里还有些许负罪感）。这种数量甚于质量的进餐教育恰恰给了孩子错误的引导。

更不幸的是，最近的研究表明，一大半的美国人都是"光盘"俱乐部的一员。父母要求孩子吃光盘子里的所有东西时，孩子往往会因此吃得过饱。所以我们强烈建议家长不要每顿饭都那么在意孩子盘子里还剩多少，你最先关心的应该是自己到底喂孩子吃了什么。因为这条"吃得饱不如吃得好"的进食准则，不仅能帮你省心，还能帮孩子树立一个更加健康的饮食态度——吃饱了就是吃饱了。

孩子为什么没食欲

导致孩子动辄就没有胃口的原因有很多，某些原因可能还会令你大跌眼镜。

•**吃的**　没错，就是因为吃的！如果孩子平时没事，一到饭点反而没了食欲，很有可能就是因为零食吃多了。且不说朋友、亲戚或者其他照料者会好心地喂孩子吃这吃那，就是你自己也会在吃饭前让孩子先垫垫肚子（甚至是大吃一顿）。在为孩子食欲犯愁的时候，你恰恰忘了把这些因素考虑进去。虽然和一顿大餐比起来，孩子平时得空儿吃的零食所提供的能量算不上什么。但小孩子丁点大的饭量，下午随便来点曲奇或者小饼干就足够撑到晚上了，不想吃晚饭正常得很啊。更不用说有的孩子，得空儿吃的零食都赶上一两顿饭了。最近的数据表明，零食摄取量已占儿童日常总热量摄取量的25%，所以限制零食（既要限制摄取量，又要限制摄取次数）能够有效增大孩子的饭量，整体改善孩子的营养状况就更不在话下了。

• **喝的**　喝太多就没有肚子吃别的了。牛奶、果汁、汽水、运动饮料和水，这些喝的自然不必多说，因为它们都容易让人产生饱腹感。就连长期使用奶瓶和（或）吸管杯，也会导致小孩更倾向于"喝晚餐"。如果孩子平常喝得太多，你最好顺藤摸瓜找到问题的根源。少让孩子喝点儿，孩子慢慢就恢复食欲了。

• **病了**　孩子生病之前总有那么一两天没胃口，就连鼻塞这种小病都能轻易让孩子胃口全无。就算感冒、发烧、咳嗽、鼻塞都好了，孩子也有可能一两个星期吃不下饭。孩子们一年中会感冒十来次，所以你肯定会有大把时间发现孩子胃口是怎么变没的。

理智战胜了饥饿

摆脱父母、要求独立的苗头在孩子蹒跚学步的时候就出现了，这种倾向会一直持续下去。虽然这会使孩子在吃饭的问题上和父母对着干，但在我们眼里，追求独立自主却是孩子一生中最重要的一项任务。你看，孩子学会爬着走、学会颤颤巍巍地站着走、学会穿衣脱衣、学会自己吃饭，这些成长过程中里程碑式的独立活动，不正是我们所期待的吗？但随着这些备受期待的技能一一获得，最令家长头疼的事情也随之显现：孩子横竖就是不吃饭，这可把家长给急坏了。毕竟，孩子想要独立的劲头一上来，谁都拿他们没办法。我们最好顺着来，别跟孩子对着干。

🍵 别着急，慢慢来 🍵

当你着眼于为为家人提供平衡的饮食时，我们劝你一句，不要天天都紧绷神经，放轻松些。你想想咱们自己的饮食习惯吧。你不是也有不太饿的时候吗？你不也有吃腻了想换换口味的时候吗？孩子也是一样的啊。不要每顿、每天都给孩子制订饮食计划，按周来定。目标现实了，自然就容易实现了。

🍴 大处着眼，小处着手

家长们听仔细了：就算你给孩子描绘的饮食宏图华丽无比，那你也得从点滴做起，从更现实可行的小处做起。有些饭孩子不喜欢吃，有的饭孩子压根没吃过，如果父母不闻不问，就盛一大碗给孩子，结果只能适得其反——你会遭到孩子更强烈的反抗。这样一来，不仅是你总有一种孩子一口没吃的错觉，就连孩子都容易把大分量的饭菜看作是一种威胁。因为孩子吃得本来就不多，跟你如山的饭菜一比，很容易就被你忽略了。大处着眼，完全没问题，但是听我们一句劝，给孩子尝试新口味的时候，还是从小处着手吧。

🍵 进餐里程碑：吃多少，盛多少 🍵

人们总是愿意多吃的时候，我们通常都是用"暴饮暴食"来形容。为了避免给孩子盛饭过多，你得从孩子的第一顿饭开始限制饭量，第一年差不多一大匙就够了，然后逐年递增。如果你家孩子2岁，不管你给孩子喂什么，两大匙就够了。如果孩子还想要，他绝对会让你知道的！

"不吃了，谢谢"

大约从2岁开始，几乎所有的孩子对任何一个问题都会本能地说"不"。虽然他们本身明白，但还是会不加思索地拒绝一切新鲜事物，对新口味尤为反感。就算是最大胆的好奇宝宝也不愿意食谱里添加任何新花样，强迫这个年龄段的孩子吃饭必败无疑。但这并不意味着毫无回旋的余地，进入"不吃了，谢谢"的阶段吧。

首先，"不吃了，谢谢"的阶段是什么呢？无非就是在孩子不喜欢吃的状况下，还硬着头皮吃下的那一口。如果你家孩子不吃饭了，冷静地坐下来告诉孩子，你不奢望他把饭都吃光。那怎么办呢？先让孩子吃一口试试，如果不喜欢吃，向孩子保证，他有说"不吃了，谢谢你"的权利。告诉孩子，不用吃掉半盘子，也不用吃下五口，只要吃一口，你就绝口不提了。别奢求太多，真的。对父母来说，最难做到的就是把这种策略一直贯彻下去。开弓没有回头箭，你可千万别为了让孩子多吃点就违背初心、前功尽弃啊。就算万不得已，也不能逼孩子吃饭。

☕ 功夫不负有心人 ☕

信不信由你，研究表明，孩子被喂10～15次新食物之后，才有可能会尝一口，更别说喜欢吃了。如果父母不知道的话，很有可能就会有以下两种做法：要么只给孩子盛你认为他们喜欢吃的食物，要么兴冲冲给孩子买了一堆他不喜欢吃的食物，碰了一鼻子灰之后就再也不买这些食物了。孩子最开始接不接受，不用太在意。先把各种他们从没吃过的健康食品买了再说，不断拿给他们吃，1次、2次、3次……甚至10次，孩子迟早会接受的！

有些家长可能就纳闷了，这么做有什么用呢？大有裨益，真的。承诺孩子只吃一口的战术，不仅能让进餐氛围更加轻松愉快，孩子吃起饭来也会一身轻松。更为重要的是，在这个过程中，孩子获得了自主决定吃多吃少的权利。幸运的话，不久的将来，孩子真的就会愿意尝试第一口了。这虽然是孩子吃下的一小口，却是让孩子轻松说"不"的一大步。并且，这样一来，那些曾惨遭嫌弃的食物，孩子也有可能愿意吃了。

🍴 不要半途而废

孩子饿了但还是不想吃，这是为什么呢？个中原因，你很想知道吧。没别的，因为孩子聪明着呢。他们知道自己想要什么，而且很快就学会了如何得到自己想要的。给孩子盛完饭你就变了主意，孩子很快就会发现。跟你僵持的时间越久，他们得到的东西就越好。我们也不想这么说，但这跟"懦夫博弈"还是有相似之处的。因为，一旦意识到父母会先妥协，孩子们就必胜无疑了。这样的事情时有发生，尤其是家长一看到孩子不吃饭就满脸愁容的时候，很容易退而求其次。因为家长总是觉得吃点儿别的，也比什么都不吃强。如果你也这样，千万不要被孩子的虚张声势吓倒，明确地告诉他们（顺便也告诉你自己）："不喜欢吃的话，偶尔不吃一顿也没关系。"但是你得确保下次吃饭的时候，把孩子原先的晚餐和相对健康的食物都准备。

还有个陷阱，家长也得小心。孩子不吃饭的时候，千万不能用快餐或者其他的东西凑合过去。如果你一开始就秉持"给什么就吃什么"的原则，并且一如既往地坚持下去，孩子很快就会明白，用无理取闹试探父母的底线根本无济于事。

☕ **先解决当务之急** 🍵

　　吃饭时面对太多的选择，有些孩子似乎容易不知所措。就算孩子可能会因此愿意尝试（甚至最终爱上）他们曾经讨厌的食物，但面对太多的食物，孩子可能只会挑自己喜欢或者熟悉的东西吃。比如，有面条、花椰菜和肉，孩子吃完面条之后还想再要一份，菜和肉却一动没动。对付这种挑食的孩子，你就得在他最饿的时候，先端上他最不爱吃的菜，这样就好办多了。

Chapter 17
哭着吃饭

　　字典里解释说，"呜呜大哭"是一种用声嘶力竭或痛苦哀号来表达不满的方式。在我们看来，忙了一天，回去还要听孩子哭闹，简直就是挥之不去的噩梦。孩子呜呜大哭跟指甲划过黑板发出的噪声比，简直有过之而无不及。说到吃饭，孩子马上就会明白，为了得到自己想吃的和（或者）想喝的，哭闹绝对是厉害的招数。不管是在婴儿床里哭，在饭桌上闹，还是在超市里折腾，这招屡试不爽。不难看出，孩子一哭，父母就容易动摇，那些之前制订的饮食计划也随之抛诸脑后了。毕竟，孩子只是想要点吃的而已。然而，等孩子生病了或者营养不良了就为时已晚了。

　　父母常常为了息事宁人委曲求全，这太糟糕了。所以请家长跟着我们快速回顾一下儿童成长的基本过程，好让自己以更加成熟的（少生点气）沟通技巧来解决孩子 4 种最常见的厌食现象。只有这样，家长才能在未来的饮食道路上越走越好。

孩子为什么哭闹

　　• **孩子求而不得的时候**　不管是饭前、饭中还是饭后，只要孩子得不到自己想吃的东西就会哭闹。换句话说，任何时候孩子都有可能哭闹。果不其然，研究表明，一次性限制孩子吃的东西越多，孩子就越想吃那些东西。

　　• **家长强迫孩子吃不喜欢吃的东西时**　你说"来点儿西蓝花吧"，孩子说"不吃"。或者他们压根儿懒得跟你扯闲篇，直接放声大哭、

☕ **进餐里程碑：呜呜大哭意味着什么** 🍵

• **9个月**　9个月的孩子为了表达自己的意思，已经开始知道用手比画了。因为他们已经尝到了"要什么就指什么"的甜头，要吃的，自然也不例外。

• **12个月**　一般12个月的孩子就会说话了，他们对说"不"情有独钟。

• **2岁**　这个年纪的孩子会把两个词拼在一块说了，比如说些"就不"或者"要那个"之类的词。

• **2~3岁**　这个年纪的孩子对基本的礼貌用语运用得更加得心应手，比如他们会说"请"啊、"谢谢"啊之类的话。反过来，你也会发现孩子日后哭闹着吃饭时，会经常发出标志性的长音"拜……托……啊……"。

• **3岁**　这个年纪的孩子一般可以说出一句整话了，尽管只有三五个词，不过父母和其他照料者一般都能听懂一大半。这就意味着，以后的日子里，孩子那句"我就要吃那个！"或者"我不吃！"来得更清晰也更猛烈了。

• **4岁**　这个年纪的孩子，不管是哭着说还是笑着说，就算是个不明状况的局外人也能听得懂他们在说什么了。更长的句子也会随之而来，最经典的就是："他能吃我怎么不能吃？"，"你就是不把好的给我！"还有"拜托，就吃一次也不行吗？"

叫苦不迭，最后以不吃饭收场。尽管之前我们满腔热血地支持你多给孩子吃点不同于往日的食物，但我们是想告诉你，如果你不强迫孩子吃得精光，孩子绝对会消停不少，而不是让你强迫孩子吃他们不喜欢的食物。

• **孩子累了的时候**　一顿饭下来，孩子往往既疲惫不堪又怒气冲冲，最终以哭闹不止收场。大多数孩子只会用哭闹的方式来解决问题，确实是不尽人意。虽说孩子任何时间都可能冷不丁地折腾一下，但是闹腾高发期经常出现在孩子又累又暴躁的时候。现在想一下孩子更容易疲惫的时间：午睡之前要吃午饭的时候，上床之前要吃晚饭的时候。不需要多说了吧？想想我们平常喂孩子的时间，孩子不吃饭可能并不全是饭的原因，他们只是累了而已。

• **没有为什么**　孩子学翻身的时候、学走路的时候、进入青春期的时候都免不了哭哭闹闹，我们早已习以为常。事情就是那么发生了，自然得很。诚然，孩子确实是在累了或者饿了的时候更容易哭闹，一旦尝到甜头，他们甚至还继续用这种方式来抗议吃饭。但无论如何，我们都得面对。知其然知其所以然，越早恢复冷静越好，这样才能让孩子学会以一种更能令人接受的方式来交流。

让孩子停止哭闹

孩子哭着喊着不吃饭的时候，你能做的就是把饭菜摆好，然后坐在餐桌旁。

• **接受现实**　接受孩子不吃饭（或者就是单纯地拒绝任何东西）的事实吧，这是逃不掉的。只有这样，你才有可能做好心理准备，不被孩子哭闹或者其他的琐事扰乱心情。

• **保持冷静**　孩子哭闹，非常简单，他们就是为了得到自己想要的东西而已。当然，父母也会因此卷入一场战争。我们强烈建议你不要应战。如果孩子因为吃的哭闹不止而且毫无收敛，即使忍无可忍也得忍住，不能让他得逞。一旦孩子因为无理取闹而达到了目的，就算你还在咬牙坚持，那也绝对后患无穷。

• **对孩子的哭闹权当听不见**　通常在 3 岁左右，孩子就对哭闹大法运用自如了。告诉自己，不用理睬就好了。孩子一旦因为想吃的或者不想吃的哭闹不止，请尽可能冷静地告诉孩子，这样呜呜啦啦地听不清他在讲什么，然后问问孩子还有什么想说的、想问的。如果孩子还不肯罢休，让他自己待一会儿，你先忙自己的。如果事情有了转机，孩子尝试着重新提出要求了，那么家长一定要回应孩子。请记住，不管多大年纪，都很难做到哭到一半就恢

复平静，所以不要指望孩子一下子就能完全消停下来，孩子抽抽
嗒嗒的时候去回应他一下并不是一种退缩。

Chapter 18

饮食癖好

所谓饮食癖好，如果你不觉得它怪，它就一点儿也不烦人……据我们所知，大部分的成年人，也包括我们自己在内，都有很多解释不通的饮食癖好——这里我们得多一嘴：多数的饮食偏好都是从孩童时期开始的。想必我们每个人用餐刀的时候都有自己的一套方法。有的人格外喜欢没被动过的食物，有的人喜欢用饮料罐而不是用杯子喝水，还有的人对塑料包装的食物一概说不。我们发现，正这些小的习惯才让旁观者丈二和尚摸不着头脑。当然，如果不是特别烦人的癖好，一般人也是可以忍受的。

当孩子想与众不同

家长解决自己的癖好（或者为自己的癖好找理由）时是一回事，可是自家孩子因为天生多变而挑食时，家长解决起来就是另一回事了。不管食物的形状、大小、颜色、材质还是温度，但凡有一点儿不合孩子的心意，无一例外，他们都会变得挑剔起来。面包只有剥了皮才吃，橙汁过滤之后才喝，把吃的摆成直线排成行才肯动嘴，日复一日，你可能就会觉得孩子是为了惹毛你而故意找茬——玉米粒有没有越线啊，有没有和肉卷掺一块啊，如果你恰巧是那种不太讲究的父母，那么这种被惹毛的想法就更严重了。这些古怪的饮食习惯、食物偏好或者"规矩"早在儿童时期就有苗头了。总结起来就是：不知不觉中，孩子就开始讨厌某种食物，除非它们以某种特定方式排列，否则一概嗤之以鼻。既然科学和营养学都查无可鉴，我们劝你还是认了吧。有的癖好就是解释不了，只有接受它们之后，一切癖好才能说得通。也就是说，如果你家孩子是个挑剔的食客，那我们的目标就是让你全盘接受这个事实，然后帮你学会在合适的时机说合适的话。

满足孩子的癖好

如果在你看来，孩子已经养成了所谓的饮食癖好或者饮食规矩，你需要做的就是决定自己要不要（或者能不能）忍受下去。不要浪费时间思考"学会忍受就成了吗"这类问题了，因为答案很简单：对孩子来说，不管怎的"它还真就成了"。最重要的是：如果孩子在合理的范围内表现出某些饮食习惯，况且这些癖好还对孩子整体的饮食大有裨益的话，还是可以接受的。因为"合情合理"意味着因人而异。一旦你决定要接受孩子的癖好，参考以下几个问题。

•**孩子自己能搞定吗**　想一想你家孩子能不能自己满足自己的怪诞需求。虽然让孩子学会安全地剥面包皮、切片、切丁都需要花很长时间，虽然直接给2岁的孩子一把忍者刀用是父母彻底的失职，但是这也总比接下来的10年你要替他们剥面包皮强啊。

•**营养跟得上吗**　如果你爱家孩子除了糖果、鸡肉和可口可乐，其他东西一概不碰的话，那你可就遇上麻烦了。但是，如果你家孩子只是偶尔挑食的话，那在短时间内还不至于营养不良。就算孩子有时候会对食物的颜色百般挑剔，或者对所有菜品都不待见，如果你不断地给孩子吃各种各样的东西的话，事情就还有回旋的余地，所以不必过早担心孩子的营养问题。

•**到了社会所不容的地步了吗**　癖好确实存在，但我们却很难想起任何一个癖好可以怪到为社会所不容的程度。在别人家吃饭，主人准备的饭菜恰好不对孩子胃口时，如果孩子还没奇怪到要钻到桌子底下吃饭，也没奇怪到用手插别人的食物，那么没什么大不了的，你要面对的可能就只是孩子不吃饭而已。孩子不断长大，家长只要记住，不断地让自己适应那些可以接受的癖好就好了。毕竟，10 岁孩子跟幼儿的典型行为还是有很大区别的，所以不能一成不变地对孩子提要求。

☕ 不吃面包皮 🍵

为什么多数家长这么在意剥面包皮这回事呢？我们决定一探究竟。这种癖好绝对不是由遗传基因决定的，很有可能你小时候也剥过面包皮。既然你都不承认自己也曾有过这样的癖好，干嘛还怪孩子见样学样呢？为什么小时候和长大后变得这么矛盾呢？除了习惯使然之外，我们也找不到任何可以说得通的理由了。我们是奔着和解来的，所以劝你还是相信，剩下面包皮不吃根本没什么大不了的。如果你碰巧是位深受剥皮困扰的家长，那么此刻你就可以松口气了。因为我们没有找到一丁点儿可以证明面包皮比面包瓤更有营养的证据。

• **有人伤到自己了吗**　怪诞的饮食方式并不一定会引起伤害，除非你家孩子只吃那种小而圆的、刚好能卡住气管的硬物，否则大家就不用太担心孩子因为吃饭而受到伤害。

• **是不是预示着什么呢**　有时候，固定的生活模式、怪诞的饮食习惯，还有重复性的行为方式，都意味着孩子可能患有发育性生长障碍，焦虑型紊乱或者应激性失调也有可能是罪魁祸首。如果你拿不准孩子有没有生病，那就给咨询一下儿科医生吧。

• 🍴 **你能受得了吗**　对本身没有类似怪癖的父母来说，应付挑食的孩子就跟忍受磨牙的声音一样痛苦。因为他们要么自己无法做出解释，要么根本没时间来满足孩子的种种怪诞要求。很多人就是天生比别人更敏感，他们能够忍受的程度非常有限。这也就是为什么会有人挑食，进而容易引发喂养大战了。抛开所有原因，如果孩子的某些习惯你实在是忍受不了，那就是时候出手制止他们了。

🍲 管你怎么变换花样…… 🍚

几乎和大多数孩子（或者成年人）一样，劳拉的爷爷一点儿也不在乎把盘子里的饭菜掺和起来。他坚持认为，不管你用餐刀把饭菜切出什么花样来，不管你怎么摆盘上菜，反正最后都是吃到肚子里了。他常把这句话挂在嘴边，也不理会分餐制，还经常把自己的（还有其他人的）盘子堆满饭菜。要是"分餐主义者"瞧见了，还以为他吃的是免费餐呢。在我们看来，还是尊重孩子摆盘分餐的癖好吧。因为劳拉爷爷的理论有个重大缺陷：饭菜确实最后都到肚子里去了，可是前提是，得先让孩子吃进嘴里啊！

⑪ Chapter 19
把食物作为奖励

众所周知，孩子一吃糖，烦恼忘光光。据我们了解，几乎所有的父母（我们自己也包括在内）都曾经用糖贿赂过孩子。医生为了能让孩子坐着不动问诊，牙医为了能让孩子张嘴配合检查，银行职员为了能让孩子老实呆着，理发师为了能让孩子安静坐好理发——他们都知道，一根棒棒糖就能让孩子出奇地听话。用吃的来奖励孩子效果这么好，还真是挺诱人的。

这种方法对家长的诱惑力这么大，主要是因为它能很快地让孩子听话（要是孩子不听话，不管是碍于颜面，还是理智使然，家长都会在纠正孩子错误或者制止孩子胡闹的过程中备感压力）。为了让孩子在各种社会行为中展现出最好的一面，偶尔给孩子吃一点儿 M&Ms 巧克力豆或者小饼干似乎也无妨，家长们并没有发现这些营养价值不高的奖励和孩子均衡的营养状况之间有什么冲突，也没有认识到其中的风险——一旦用了这种行为修正法，那么接下来要出现的挑战，你可得做好充足的思想准备了。

🍵 为什么只有尝试过才能判断好坏 🍺

喂孩子吃甜品确实能够达到家长想要的结果——至少在短期内是可以的，因为婴儿天生就对甜味情有独钟。在远古时期，这种偏好能让他们更好地存活下来。然而，对我们大多数人来说，爱吃甜食可跟生存没多大关系。我们爱吃甜食就跟苍蝇爱吃蜂蜜一样，纯属嘴馋。

餐桌上的交易：以健康饮食的名义

父母用吃的来奖励孩子，大概都是为了鼓励孩子多吃点儿，或是鼓励孩子吃得更好点儿。这种最为寻常的交易，光是想想就很具讽刺意味。"如果你吃下 _____（请家长填一种食物），你就可以吃 _____（再填一种食物）"，这种老套的招数，我们常常听说。结果可能如你所愿，孩子吃下了你想让他吃的食物，孩子最终也得到了相应的奖励。但从长远来看，结果可能事与愿违。主要原因如下：

• **情况可能会变得越来越糟** 如果你贿赂孩子吃某些东西，在他们看来，这些东西一定是不好的。孩子不爱吃南瓜，如果你大费周章地让他吃，甚至不惜以甜食作为诱饵的话，结果很可能是加剧了孩子对南瓜的反感。研究表明，贿赂孩子吃下某些食物，结果反而会使孩子更加抗拒吃这种东西。这么说来，如果孩子不喜欢，还不如压根不让他们碰呢。

> 🍜 🍴 **买家要当心：糖果只是权宜之计** 🍵
>
> 我们觉得，超市载有糖果的收银台前很有必要贴张"买家当心"的警示牌：当孩子在超市里提出了无理要求，如果你用糖果来哄孩子，你一定会为此付出代价。因为你用糖来换孩子的良好表现，孩子很快就会学会以乖听话来换取自己想要的东西。

• **局势有可能反转** 给孩子这些吃的作为奖励，确实是一种你想让孩子干什么孩子就干什么的方法。但是，一旦孩子识破了你在他的饭菜上费的一番心机——孩子相当擅长这个——那你可得小心了！这种通过讲条件才吃饭的孩子可擅长反转了。他们要么会乖乖吃饭，要么会拒绝吃饭，以此来跟你讨价还价。一旦孩子学会了这招，你就没多大胜算了。

• **对被禁之食另眼相看 / 好感倍增**　孩子吃一口饭，你就赏一勺冰激凌，你觉得自己大获成功了。其实，你从这顿饭和这场交易中得到的东西，跟孩子从中得到的东西全然不同。虽然你是一门心思想让孩子吃健康食物，可是孩子对新食物的好感还没培养起来呢，他们就一门心思只想着好好表现换甜食了。而实际上，最终你也很有可能对这些食物奖励另眼相待，觉得它们好似比以往更令人向往了。

• **学会做到心里有数**　有时候孩子不饿，但是为了饭后那些可望不可及的甜食，可能会以多吃的方式来赢得餐后奖励。很明显，这跟"饿了才吃"的建议矛盾，因为吃得过量，违反了人体内在的（健康的）调控机制。这种反生物的陋习，才是推动人类走上超重和肥胖道路的关键动力。

🍲 🍴 用吃的进行如厕训练 ☕

　　没有什么比孩子的大小便训练更让家长着急上火的了。家长可能会自我加压，因为孩子马上就要进托儿所了，也可能仅仅是迫于邻里的期待（孩子还不满 1 岁，我用了不到 1 周就教会他往坐便器里小便了）。家长迫切希望孩子学会使用坐便器，肯定会发现很多备受欢迎的如厕训练方案，它们都会建议你给孩子点奖励：给孩子吃点 M&M 巧克力豆啊，冰淇凌啊，或者最爱的甜点啊之类的。之前我们已经讨论过这独特的食物诱惑法了，现在我们的结论仍旧没变：当你一天从早到晚用吃的来奖励孩子能够在便盆里方便的时候，其实是在误导孩子。所以我们建议你在厕所跟孩子谈判的时候千万不要提吃的，你应该坚持用不能吃的东西来奖励孩子。记得阅读劳拉的《对抗尿尿的不止有你，还有我》（《It's You and Me Against the Pee》），这本书会告诉你如何对孩子进行无食物如厕训练。

无糖奖励

用来奖励孩子良好表现的，不只有甜品一种方式。无糖奖励的方式倒是不计其数，但是效果却很大程度上取决于孩子的偏好。建议你采用的无糖替代品包括：

• 贴画。你可以绘制一张贴画表，或者干脆让孩子自己挑选贴画收集起来也可以。这种东西不用花多少钱就能买一大把。

• 票据。对于年幼的孩子来说，各种票据本身就足够诱人了。孩子再大点，你就可以奖励真的电影票之类的实物了。你也可以学商场搞创意活动那样，和孩子玩兑换票据的游戏。

• 书籍。

• 蜡笔、钢笔或铅笔（在孩子能够拿稳的前提下）。

•赞美、拥抱还有关心。孩子的确是需要肯定和鼓励的，所以，父母不要低估了赞美、拥抱和关心的作用。

稳妥地选择食物奖励

不管出于何种原因，如果你觉得有必要用吃的来奖励孩子，我们建议如下：

• **少量为宜**　不管你有没有考虑后果，一旦你觉得非要用食物来奖励孩子的时候，我们建议你最好只允许自己在带孩子理发或者看医生等不常发生的情况下使用，经常性地或者天天这么做可不行（比如，"你只要肯吃完饭就有甜品吃"之类的）。

• **避免过量**　就算孩子乖乖听话，也不要经常用食物奖励他们，因为这样做有可能会使孩子因此摄取过量的糖分。这种经常被奖励的行为包括：在便盆上小便，心甘情愿地入睡、吃饭，还有"拿饼干吃去吧，妈妈讲电话的时候不要出声"。

· **着眼最终结果**　不要忘了设定结束日期或目标结果，然后坚持下去。请家长保持清醒，一旦孩子掌握了某种技能，万不可无限制地奖励下去。像如厕训练这种需要花大量时间养成的习惯，尤为如此。

Chapter 20
乱扔食物

孩子经历了从吃流质食物到吃辅食的巨大转变后，随之而来的问题就是——吃的东西要满天飞了。你没看错，这章讲的就是孩子扔食物的问题。从给孩子喂辅食的第一天起，你就得做好孩子扔掉它们的准备了。诚然，并不是所有的宝宝都会这么做，但发生的概率和可能性还是有的。虽说很多父母觉得孩子把第一口面条或者第一勺布丁扔掉的画面甚是可爱，甚至还要拍照纪念一下，不过随着孩子一天天长大，扔东西的念头越来越强烈，扔的东西种类也越来越多，你很可能就不堪其扰、不知所措了。除了我们能想到的极少数例子之外（如火炉饭店里的投蛋和飞虾友谊赛，不仅要把吃的摆到桌上，还要把吃的扔进顾客嘴里），孩子把吃的扔得到处都是的状况仍旧未被社会接受。鉴于孩子扔东西的原因五花八门，我们决定先暂不讨论如何解决这个问题，而是帮你解答孩子为什么一开始会扔东西的疑惑，在你教孩子学会坐好拿稳的时候助你一臂之力。

乱扔食物的原因

· **6 个月：乱扔一气** 这个月龄的孩子正在学习怎么控制和协调肢体动作，他们的抓握技能还不够熟练，所以还不能准确地抓起食物送进嘴里。虽然在过去的几个月里，引起婴儿手臂挥舞的惊吓（莫洛）反射有所减弱，但是这个时候的婴儿动作仍旧不太协调——不管孩子手中有没有攥着食物都是如此。

· ¶ **9 ~ 12 个月：发现真相** 孩子一次次故意把吃的扔掉，他们证明了物体的两个重要原理：永恒性和重力作用。这个月龄的孩子最爱玩躲猫猫游戏——"哎，你看见了吧；哎，你又看不见了吧"。明白物体消失是怎么一回事，期待物体再次出现，这些都是孩子认知上的一大跳跃，但是这些原理一旦运用到孩子吃的食物上时，结局就是，孩子坐在高脚椅上状况不断，问题也不断了。

· ¶¶ **15 个月：学着掌控** 15 个月的孩子已经能把两个物体摞起来了，他们试着喂自己吃饭，却往往因为心有余力不足而有些气急败坏。孩子自己喂自己吃饭的意图越强，他们吃不到想吃的东西的可能性就越大。幸运的是，这个年龄的孩子已经开始听得懂诸如"不许把吃的扔掉"和"放下"这些简单的指令了，他们会跟着照做的。

· ¶¶¶ **18 个月：故意扔掉食物** 因为能扔，所以才扔。这个年龄的孩子可以故意扔东西了，吃的（还有地板）当然也不能幸免。家长以前总爱用扔东西逗孩子，现在这是个绝好的时机来限制家长这么做了。家长应该鼓励孩子用一种更容易被社会接受（也就是柔和的）的方式把吃的东西拿稳。

· ¶¶¶¶ **2 岁：过肩投掷，成迷上瘾** 2 岁大孩子已经能够把手举过肩了，他们很乐意，也准备好这么扔东西了。这么大的孩子扔球或者扔食物的时候会明显表现出喜欢用哪只手来抛掷。毫无疑问，这个年龄段的孩子尤为难管，因为一管，亲子之间就容易产生矛盾，更有甚者，孩子压根不理睬你。所以我们建议你摆平心态，把孩子扔东西的行为看作是孩子不饿的信号。

建立基本规则

我们一直给出的建议是：孩子扔东西的时候，家长先不要心灰意冷。查明原因才是当务之急。9 个月大的好奇宝宝把瓶子扔了遭到父母批评的状况很常见。但是，孩子都 2 岁了，吃饭一闹脾气就手足无措、垂头丧气的父母还真是少见。每次吃饭的时候都要查明孩子哭闹的原因（如果真有的话），这样你才能决定采取哪种最佳措施来应对。

• **不小心扔的** 在你着急忙慌地采取行动之前请先记住，孩子完全有可能是不小心把吃的扔了。虽说越小的孩子越容易丢东西，但是，就算孩子已经过了家长眼中应该更懂事或者能拿稳东西的年纪，他们仍旧会掉东西。在孩子学着自己拿稳东西时食物有可能会掉，这时候父母可不应该发脾气。

• **他们已经不饿了** 孩子不饿时，受够了任何摆在他们面前的食物时，或者已经无法集中注意力时，他们一定会想出新花招来对付盘子里的饭菜。从成年人的角度来看，你可能会问"为什么扔了呢？"。但是从孩子的角度，他们看见食物，就在想"为什么不扔呢？"。请记住，社会礼仪需要数年的培养才有可能养成。在他们学会之前，我们建议你最好是在意大利面粘到墙上或者在米粉散落一地之前，先学会读懂孩子为什么没兴趣吃饭。父母将要忍受的还有很多，就算忍无可忍也要坚持下去，因为孩子最终会从你身上学会对食物的坚持。家长要教育孩子用一种更可取的方式来表达他们已经吃饱了。在此期间，家长的任务就是从第一顿饭就开始给孩子减少分量。这样一顿饭结束之后，剩饭量便可大大减少。

• **心情不好时** 孩子累了或者烦了，尤其是又累又烦的时候，家长可要准备好了。因为就算孩子已经饿坏了，饭菜里甚至有他们真的很喜欢吃的东西，他们也会用较劲来表明自己心里不痛快，接着他们再用一种损人不利己的方式把吃的扔了。虽然这时可能不是教育孩子饮食礼仪的最佳时机，但家长心里也得明白，不能任由孩子胡闹下去。请家长坚持用一种冷静、决断的方式让孩子收敛。如果孩子扔东西的状况仍未改善，那就先别吃了，下次吃饭的时候想想孩子是不是困了，睡觉可能比吃饭更容易被孩子接受，孩子也更易稳定下来。

• **学会看开 / 旨在找乐 / 逗你玩**　面对孩子扔东西的滑稽动作，你可能已经习惯了，哈哈一笑了之，或者你只是某次无意中笑了笑。不管你以哪种方式释怀了，孩子都会记住的。如果你已足够淡定，只是偶尔看见高飞的食物或饮料而憋不住要笑一下，这就是巨大的进步了。但是如果孩子一次次扔东西都能逗你笑的话，你可要记住，这么做等于鼓励孩子继续扔下去。

• **管得过头了**　不论孩子是想得到关注，还是想得到自己垂涎已久的东西，只要他们发现扔东西管用，甚至是屡试不爽的话，孩子就会一直扔下去。

对抗污渍大作战

• **防止吃的酿成大乱**　记住不要给孩子吃炸鸡块之类的食物，这样的东西掉到地上可就不好打扫了。桌布、餐垫、窗帘和地毯这些东西都很容易被食物弄脏。

• **盖住地板**　塑料垫啊、旧床单啊，甚至是一块布都可以铺在地上，免得吃的掉下来弄脏地板。能抖下来的就抖下来，能手洗就手洗（如果需要的话，用水管冲也行），能投进洗衣机里的就用洗衣机洗，这样就省心多了。

• **穿耐脏的衣服进餐**　穿耐脏的衣服吃饭可以给孩子和家长都减轻不少压力。除非你已做好应对污渍的准备了，不然千万不要在吃饭的时候给孩子穿他们最喜欢的衣服。当然，我们建议家长在喂孩子吃饭的时候也穿上耐脏的衣服。

❎ Chapter 21

5秒规则

　　毫无疑问，很多家长跟我们一样，在面对掉在地上的饼干或者滚落一地的葡萄时都束手无策。当然，可能是因为以前没人解决过这类问题，从某种程度上也可能是为了安慰自己，我们已经将"5 秒规则"看作是一种应对喂养挑战的对策了。

什么是"5 秒规则"

　　为了确保能够达成共识，我们先解释一下什么是"5 秒规则"：这是一种自我慰藉的方法，父母能够快速掌握这种方法，并且可以用来解决食物掉在地上的问题。这是个常被人提及但未落到纸面上的规则，有人严格执行，有人一笑置之，还有人提出质疑。我们只能假定这是一种能够在最大程度上稳定情绪、减少浪费的方法而已。很明显，对于这个规则是遵守还是一笑置之，取决于很多方面。最重要的是取决于你对污渍的整体清洁方案，也取决于你和孩子还想不想要那些掉在地上的食物。

为什么是 5 秒

　　这条规则几乎查不到来源。我们推断，规则所给大家的 5 秒一点儿也不严密，只是用来满足个人需求，给坚定不移想捡起食物的父母足够的时间去捡而已。我们还听说过好多规则，上至"2秒规则"，这是为反应快的父母定制的；下至"45 秒规则"，这大概是给那些生活节奏慢的父母定的。我们不知道掉在地上的食

进餐里程碑：恋上扔食物

• **看见了吧，又不见了吧** 差不多 8 个月大或者 9 个月大的孩子就开始检验物体恒存性定律了。他们开始明白，就算那些物体看不见，它们也是存在着的。虽然玩躲猫猫这种方式在帮助孩子理解这个定律的时候备受期待与推崇，但是，这也意味着以后孩子会将这种定律运用到食物中，因为他们也想知道食物飞走之后到底会去哪里。

• **来得快，走得也快** 就算是稍大的孩子也会偶尔扔东西（好吧，总是扔东西）。孩子这么做，不论是出于动作协调性不够的原因，还是因为故意发脾气，我们都建议你，先承认孩子扔东西的不可避免性，然后制定长久计划来应对，这才是你在较短的时间里能够做好准备，迎接"脏"物的前提。

物在多长时间内还是没被污染、可食用的，所以这么命名纯属是为了方便而已。

被彻底推翻

关于这种规则，我们所能找到的唯一可以称得上科学的资料是美国伊利诺斯大学研究员做的一项研究，他们在研究人们该如何正视"5秒规则"的问题上花了大把的时间，但是结果并没有那么鼓舞人心：就细菌附着在食物上的过程而言，根本就没有所谓的安全暴露时间；谈到细菌的存活时间，值得指出的是另一个实验，该实验表明沙门氏菌（salmonella，因其超强的致泻能力而臭名远扬）可以在瓷砖上存活 28 天！这些对你意味着什么呢？一言以蔽之，不论你捡东西的反应有多快——不管你花了 2 秒还是 20 秒，孩子垂涎已久的小熊橡皮糖在触地的那一瞬间，潜在的微生物危害就已经存在了。从沾染病菌的角度来说，这意味着没有倒计时的余地，没有两击不中、三击出局这一说。从卫生学的角度来说，一旦触地，立即出局，立马换上替补食物才是王道。

现在，面对掉在地上的食物先别着急指责，我们先说一个与之有密切联系的观点：孩子们花大把时间待在地板上，这是一定的。除非你能一直保证在地上爬行的孩子放进嘴里的手都是洗过的，否则其他的都是空谈。那么问题来了，同样都是在地板上，放进嘴里的手和放进嘴里的食物有什么区别呢？令人欣慰的是，比起动物园地面上的细菌来说，在相对干净的厨房地板上的细菌对孩子肠道的危害更小。从各方面来看，我们愿意承认，在某些情况下（因环境和接触面而异），食物掉在地上之后仍旧是可以捡起来再吃的。

Chapter 22
早餐：墨守成规与不走寻常路

　　最近几年，早餐的重要性得到了营养学界的广泛关注，更不用提媒体和市场的炒作了，他们的理由十分充分——吃早餐记忆力会更好啊，考试分数会更高啊，注意力集中的时间会更长啊，情绪会更加稳定、不容易生气啊，体重会保持得更加合理啊，等等。早餐被认为是一天中最重要的一餐，已经与生活中的方方面面联系在一起了。不得不承认，吃早餐的好处确实显而易见，可是几乎有一半的美国人是不吃早餐的。对他们来说，早餐的好处似乎就没那么有说服力了。

　　健康的习惯必须从小培养，童年早期吃的东西（还有早餐）日后会对孩子对待食物的态度产生重大影响——对此我们深信不疑。所以，我们决定在这本书中给早餐作一个公允的评价。

早餐并不是可有可无

　　父母第一次喂孩子吃饭的时候，似乎没有什么概念，也不知道什么东西适合婴儿吃，尤其在准备早餐的时候更加不知所措。从全天只吃流质食物到一日三餐，这个转变是婴儿饮食过程中必不可少的重要阶段。婴儿确实需要几个月的时间来适应吃一天吃三顿全餐的过程，可有个现象不得不说一下：孩子能吃辅食之后不久，家长喂孩子吃饭往往只锁定在"一日三餐"的"三"上，家长以为吃午餐、晚餐顺带加上早餐，凑够三餐就行了。力争一天吃三顿饭，孩子营养就会大加改善，但是如果早餐不好的话，孩子的营养状况也会大受影响。

吃早餐能荣升为父母喂孩子吃饭的一大难题，原因显而易见。大清早，一大家子整装待发，要么忙着去保育中心，要么（或者）忙着去学校，除了安排孩子的玩耍聚会，还有一大堆家务等着你早上干完。不管是因为家长的时间太紧了，还是因为孩子的日程安排得满满的，吃早饭的事儿早就抛到九霄云外了。如果"慢吞吞""悠闲"这样的词无法准确描述你早上做事的风格，我们建议你还是额外拿出一点儿时间和精力来保证孩子早餐吃得营养均衡一些。不管早餐是简单还是复杂，但凡吃点儿有营养的东西就比什么都不吃强。喝杯低脂牛奶、吃片全麦面包或者来顿大餐什么的都可以。希望下面这些使早餐做起来更简单的小贴士能帮你在今后的生活中克服种种困难。

让早餐更简单的小贴士

• **因势而定** 我们确实提醒过你，一家人坐下来吃饭益处多多。不过对大多数人来说（其实也包括我们），能坐下来跟孩子悠闲地吃顿早饭几乎是不可能的。可是如果你能做到不给孩子施加压力，让孩子有足够的时间吃完一顿饭，这也是可以的。这样一来，父母就有充足的时间帮着喂饭了，孩子也有时间学着自己吃饭。

• **提前准备早餐** 换句话说就是未雨绸缪。关于孩子吃饭的操心事还多着呢，所以早点儿计划才能多准备一些现成的健康食品。比如说，提前煮好鸡蛋，或者把孩子最爱吃的米粉先盛好，第二天一大早再搭配一些切好的新鲜水果，这样不仅早餐做得营养均衡，你也不用急得什么都来不及吃（或者经常性地抓起一包营养价值极低的零食）就夺门而出了。

• **"拿起就走"的早餐** 如果你和孩子经常早上没时间吃饭就夺门而出，那就试着多囤一些有营养的东西吧，这样你就有机会提前准备、提前打包了。第二天拿起来就走，方便得很。除了煮鸡蛋、苹果干、自制的松饼或者含有低脂奶油干酪的面包圈，这些东西孩子喜欢，吃起来也比较方便。

🍲🍴 晚饭，为早饭而生 ☕

　　父母好像格外重视晚餐，考虑得格外周全，准备得也格外丰盛，这倒挺有趣的。但是因为我们对早餐的重要性十分了解，我们也希望你们全家都对营养方面有进一步的认识，所以我们认为，早上才是需要你下功夫准备各色健康食物的最佳时机。我们坚信，吃晚饭是为了给吃早饭做准备，而吃早餐也是为了晚饭做准备。

　　·确保把睡眠计划在内　早睡早起才有时间吃早餐。不管孩子多大，只要没睡够，他们就容易烦躁，一烦躁就不大容易坐下来吃早饭，更别提营养均衡了。睡眠不仅会影响孩子的营养状况，还会影响孩子整体的健康状况。

　　·拓宽眼界　在考虑什么食物适合做孩子早餐的时候，你肯定会把食物的安全性考虑进去，但不要只把目光局限在食品标签上。吃早餐不要仅仅局限于米粉和牛奶。不要墨守成规，想想富含蛋白质的食物、水果、蔬菜什么的都是不错的选择。

　　· 🍴 向保育中心和托儿所寻求帮助　一定要检查托儿所或者保育中心提供给孩子的早餐。多多关注孩子在非家庭场所吃的东西，你就有可能发现营养均衡的早餐选择了。而且，如果孩子看到周围的小伙伴也都这么吃的话，他们也会更愿意接受这样的早餐。

🥣 即食早餐米粉 ☕

因为吃起来方便快捷，毫无疑问，早餐米粉已成为家长的省事法宝。不仅如此，很多米粉都契合低热量、高营养的理念。还有研究表明，食用米粉可以改善孩子整体的营养状况，降低孩子体重超标的风险，甚至还具有提高孩子脑力的作用。特别是搭配牛奶一起食用的时候，各色米粉中几乎都含有铁、锌、纤维、叶酸和维生素 C，这些都是孩子重要的营养来源。也就是说，妥当地选择适合孩子的早餐米粉格外重要。最近有一项检测米粉营养含量的研究显示，专为儿童打造或者针对儿童销售的米粉中糖分和钠的含量偏高，营养价值偏低。这么说来，喂孩子吃米粉意味着什么呢？你可以继续吃，但是要记住下面几点：

• 不要被儿童米粉的抢眼包装迷惑。虽然卡通人物确实吸人眼球，但那些不是专门针对孩子销售的米粉反而含有更多的纤维和更少的糖分。

• 选择纤维含量不少于 2 克/每餐（如果不是 5 克/每餐的话）的米粉。

• 选择糖分含量不高于 10 ~ 12 克/每餐的米粉。你不用担心孩子是否愿意吃，2011 年，一份针对儿童早餐饮食行为的研究发现，不管米粉的含糖量是高是低，跟其他食物搭配在一起的话，孩子都喜欢吃。食用低糖米粉的那组孩子，就算饭里加了额外的糖，他们最终的糖分摄取量仍旧比食用高糖米粉那组的孩子要少。

• 往米粉里加些诸如香蕉、草莓、桃子之类的水果块，这样米粉的甜味就变得自然了。实际上，吃低糖米粉的孩子更容易抵消掉新鲜水果带来的糖分。

• 如果可以的话，大胆地尝试全谷物早餐吧。不用犯愁，因为多数米粉加工企业都已经把全谷物早餐做成现成的了。

🥢 🍴 打破禁食 🍵

　　想让家长和孩子相信早餐的作用和好处，最好的方式就是将"早餐"这一单词拆成两部分（英文早餐一词 breakfast，可以拆分为 break 和 fast，字面意思就是"打破＋禁食"）。你可能从来都没这样想过，充足的睡眠不只是为了让孩子精力充沛，睡觉实际上也是某段时间的禁食。这样算起来，孩子很容易就有 12 ~ 14 小时不吃东西了。一旦你这么想了，你就会为了打破夜间的禁食，拿出时间吃早餐，给新的一天补充能量了。

Chapter 23
零食里缺少什么

零食被定义为在两餐间隙用以食用的少量食物，它们往往被推荐作为幼儿日常饮食中必不可少的营养成分。这种说法由来已久了，父母习惯了给孩子喂三顿正餐两顿零食，觉得这无可厚非。甚至在很多幼儿保育的场所，这种"3+2"的进餐模式都是必不可少的饮食规定。但是因为孩子食用零食过于频繁，明显增多的能量摄取量也着实让我们心忧。虽说让孩子（算上稍微大点的孩子和青少年）学会吃零食以补充能量格外重要，但是，们吃进嘴里的零食真的令人放心吗？这仍旧是个亟待解决的问题。零食中缺什么，零食中又流失了什么，回答这样的问题，必须从营养学的角度出发。

超大份的零食

孩子们吃零食的习惯似乎有愈演愈烈之势。北卡罗来纳大学2010年的研究显示，吃零食的孩子的比例有了大幅增长（1987年比例为74%，最近几年的比例足足增加到98%）。**现在，零食的摄取量已经超出了孩子日能量摄取量的1/4——**每日共计600卡路里，比过去数年的日摄取量多出了近170卡路里。零食被认为应当为越来越高的儿童肥胖率负责。

零食里不缺什么

很简单，零食通常都是些不健康的高热量食物，这就是零食的重大问题所在。孩子常常用含糖饮料来代替新鲜水果，他们糖果吃得越来越多，牛奶喝得越来越少。在过去的 30 年里，薯片和饼干在零食消费中稳拿第一。这不明摆着嘛，零食里就是不缺盐分、糖类和脂肪。

🍜 进餐里程碑：两餐之间 ☕

• **9 ~ 12 个月**　开始吃零食。你现在喂给孩子的零食，将会为孩子日后养成吃零食的习惯打下坚实的营养基础。千万别因为图方便，也别因为图安全，就忽视了对孩子吃零食习惯的培养。新鲜水果，可以；薯条，坚决不行！

• **1 ~ 3 岁**　为填饱肚子而吃零食。没错，这个年龄段的孩子两餐之间需要大量的零食来增加营养……但是"大量"意味着一天吃个两顿三顿，一天吃四顿可万万使不得。如果可以的话，不管是吃饭还是吃零食，尽可能要求孩子坐到餐桌旁。先不用说这样吃饭更加安全，也免得把屋子弄脏，关键是对孩子日后饮食习惯的养成也大有好处。这种坐下吃零食的进食方法能够有效减少孩子吃零食的次数，这样一来就算孩子真的饿了，他们也会愿意坐下来吃饭了。

• **4 岁以上**　找零食吃。从挑选食材到准备制作，再到打包食物，现在你家孩子已经完全有能力帮你一起做这些事了。如果你还没这么做过，那你就要在超市和厨房里多花点时间了，多下功夫才能教会孩子怎样挑选更加健康的零食。此外，大家都不喜欢孩子哭闹，因此我们想提醒你，在这个阶段，仍旧需要把不适合孩子吃的东西收起来，别让他们看见，也别让他们够得着。

正确吃零食

现在你已经知道什么零食是不适合孩子吃的了，下面我们想让你知道：零食还是能够（可以而且应当继续）在孩子的日常饮食中发挥巨大作用的。简单地说，正确选择零食既能防止孩子饿坏了发脾气，还能给孩子补充能量（如果你计划得当的话）、增加营养。下面简单易行的小贴士是建议你怎样正确地给孩子吃零食，希望能帮助你的孩子更加健康地成长、更加明智地做出选择，进而使孩子的每一天甚至整个童年都充满活力。

•**零食也有营养价值**　一般而言，食物都具有营养价值，零食也不例外。希望你在选择零食作为孩子的正餐补充时也不要低估它们的价值。

•**固些小点心**　有些食物容易携带、方便食用，找到它们可不是件难事。把新鲜的水果或者蔬菜切好就可以了，备些全粮饼干、椒盐饼干或者现成的（最好是低糖、高纤维）的米粉也不是不行。然后你就可以让你家宝宝或者稍大一点的孩子自己拿着吃了。

•**不要被包装所迷惑**　儿童食品包装袋上的营养标签似乎最容易误导父母。千万不要被这些"水果零食"或者"低脂"的花哨标签所蒙蔽，因为并不是所有的含糖食品都有益健康。

•**找一些你家孩子随时都可以吃的食物**　好好跟你家孩子商量一下哪些食物（比如水果、蔬菜、酸奶或者煮鸡蛋）是你们两个都能接受的，这样一来孩子一饿就马上可以坐下来吃了。记住，家长的终极目标是教会孩子健康的饮食习惯：饿了就吃，不饿就忍住不吃。家长要做的就是保证你挑选的食物都完全符合营养标准。

•**对待垃圾食品：眼不见，心不想**　这意味着不仅要限制垃圾食品的购买量和储备量，还要限制孩子看电视的广告量。毫不夸张地说，孩子看了成千上万的广告后肯定会垂涎于那些对人体无益的零食或者米粉。关上电视——不只是在吃饭的时候才关，一整天都不要打开——会对孩子健康饮食习惯的养成大有帮助。

∭ Chapter 24
刷牙

保护牙齿不容忽视

让孩子吃好喝好，逗他们开心，一天下来，各项工作都安排妥当之后，我们敢打赌，你肯定已经开始准备收工休息了。但是，我们想提醒你，就算你半夜给孩子喂完了奶、加完了餐，一切归于静悄悄之后，还有最后一场极有可能发生而且时有发生的战争等着你，那就是给孩子刷牙。没错，一天下来，所有食物残留都附着在孩子的牙齿上，而且不易被人察觉。就算孩子的乳牙最终都会脱落，但是保护牙齿这事儿仍旧不容忽视。婴儿时期的蛀牙（其实就是牙齿感染细菌）会在成年之后引发更大的牙齿问题。

🍜 糖、调料还有……细菌 🥛

蛀牙是由牙齿上残留的糖和口腔中相应的细菌引起的。糖类的残留问题可以通过健康饮食和定期刷牙来解决，可是我们该拿口腔里的细菌怎么办呢？婴儿出生时不会自带导致蛀牙的细菌，那这些可恶的细菌到底是从哪儿来的呢？其实，大部分的细菌都来自好心办坏事的父母（通常都是妈妈）。他们常常会跟孩子共用一把勺子，直接用嘴舔婴儿的奶嘴也是常有的事，甚至还有的父母嚼完之后再喂给孩子。如果你也正在寻找预防蛀牙的妙方，那么先做第一步：齐心协力避免孩子再接触到你的唾液（细菌就是从唾液中来的）。

很多普通的食物案例表明，培养孩子健康的饮食习惯并不意味着总是跟孩子对着干。尽早地——孩子想把看到的任何东西都放进嘴里尝尝的时候——教孩子学会享受刷牙。时候到了，你就可以站在一旁看他自己学着刷。这样一来，一天结束之后，孩子将会自己拿起武器消灭口中的敌人。开始得越早，就会越早地赢得孩子的信任。在与蛀牙对抗的过程中，胜算也就越大。

🍲 进餐里程碑：数数有几颗牙 🍵

• **6～8个月**：书上说，孩子第一次长牙通常都是在6～8个月的时候。也就是说，牙齿不会总是按照书本上的时间表长出来，突然早长几个月或者晚长几个月的情况都会发生。不管你的孩子有没有长牙，美国儿童牙科医学会都会建议你：最晚1岁，在此之前就应该给孩子做牙检。

• **1岁**：到1岁还没长满牙，甚至连两三颗牙都没长的孩子属于极少数。也就是说，如果你家孩子还没长牙的话，不要害怕：他们早晚会长出来的！

• **2岁**：2岁的孩子就会配合家长了，在他们能按要求吐东西的时候，你就可以用少量的含氟牙膏给孩子刷牙了①。

• **2岁半**：大多数的孩子到2岁半的时候就长全20颗牙了。尽管有人觉得这些乳牙只是替身，但是孩子要是早早就学会保护牙齿，那么在恒牙长出来之前的几年甚至是更长的时间里都会受益匪浅。

• **5～6岁**：这是孩子们普遍开始换牙的年纪。

编者注：2016年8月，美国儿科学会科普网站 www.healthychildren.org 发表了 Dina DiMaggio, MD, FAAP 和 Julie Cernigliaro, DMD 的文章《Baby's First Tooth: 7 Facts Parents Should Know》，文章建议从孩子长出第一颗牙齿时，就应该每天两次用含氟牙膏刷牙，特别是在每天最后进食或喝饮料之后。

张嘴闭嘴的问题

孩子不想张嘴的时候让他们张嘴，这几乎是不可能的。并不是只有让他们张嘴吃饭的时候——我们已经解决过这个问题了——不好办，让他们张嘴刷牙的时候也同样不行。这就是为什么我们要主张尽早让孩子刷牙的原因。谈到孩子刷牙，你真正面临的其实是两个基本问题：（1）口腔卫生（2）牙齿护理的习惯。虽然我们都知道还没长牙的时候谈不上口腔卫生，但是我们向你保证，大多数的习惯只有从小开始培养才能见效。

孩子还没长牙也没开始用牙刷的时候，就喜欢把东西放进嘴里尝尝，不管能不能吃，他们最擅长这么做了。我们强烈建议你要充分利用孩子成长过程中的口欲期。有些专家对这些即将到来的口腔问题十分熟悉，他们通常都是建议我们在孩子长牙之后再刷牙，那么还是那个问题——为什么要等到长牙之后呢？如果真有东西要进入孩子嘴里的话，为什么不提前用软毛刷来对付呢？这种牙刷集安全与舒适于一体，设计完全符合人体工程学原理，还有什么比这更好的东西吗？让孩子尽情地咬吧，让孩子尽情地吮吧，尽情用牙刷按摩牙床吧。家长们听仔细了：清洁型口香糖也是个不错的选择。在孩子能够自己刷牙之前，他们越早适应牙刷在嘴里的感觉，日后就越不会拒绝刷牙。

☕ 进餐里程碑：独立刷牙的年龄 ☕

尽管孩子常常试着自己刷牙，还试图说服你相信他们自己能够做得到，但是，通常情况下，孩子只有在 6 ～ 10 岁时才能学会独立做事。尽管牙刷盒和牙膏盒上没明说，那你也要记住，只有在家长的监督下，牙刷和牙膏才能发挥最大效用。

启动刷牙大作战

孩子学会刷牙还要好一阵儿呢，所以我们想给你几条实用的建议，好让刷牙变成一件充满乐趣的事。

• **早刷** 还没长牙怎么办呢？没关系。定期刷一刷口腔、清洁一下牙龈也非常重要。

• **多刷** 虽然我们针对的主要是睡前刷牙，但是从严格意义上讲，家长给孩子制定的刷牙目标应该是清理食物残留，而且清理得越早越好。但是据我们所知，极少有家长有吃完晚饭就刷牙的习惯。早早教会孩子饭后刷牙，这样才有机会将好习惯一直保持下去。

• **唱，放声唱** 设置一个计时器也行。想一个别出心裁的招数来使孩子坚持下去。建议刷牙时间为2分钟，如果不行，那你和孩子也要齐心协力，至少要坚持到你认为牙已经刷干净的时候。有些牙刷会发亮，还有的牙刷会放音乐，亮光和音乐持续的时间就是孩子应该刷牙的时间，这样一来孩子就会沉迷其中，感觉不到刷牙的时间太漫长了。

• **看着刷** 如果孩子出现了独立的苗头坚持自己刷，那就让他自己来吧。家长自己刷完牙对着镜子检查时，不要忘了也自豪地替孩子检查一下。

• **投其所好** 不管牙刷是灰姑娘造型的还是魔法灵猫造型的，不管是赛车造型的还是跟你一样的电动牙刷，只要孩子愿意用，就比你强制孩子用牙刷强多了。只要孩子开心，让他们去挑牙刷牙膏吧，不用担心他们会沉迷其中。年龄太小的孩子受不了普通牙膏的味道，但是无氟牙膏的味道太诱人了，想让他们不张嘴都难。

• **不再干涉** 孩子开始会刷牙的时也就开始会抢东西了。给孩子一支软毛牙刷（或者两支）握着，这样就避免了你拿牙刷给孩子刷牙孩子不买账的状况——装备齐全才能更好地完成任务。本来一支牙刷就够了，现在却要用三支，但如果这么做真的行之有效的话，多买两支也无妨。

• **不放过任何一个角落**　我们建议你要特别留意（也让孩子在关注一下）那些最易忽略的牙齿。就算是你在帮孩子刷牙，你也要描述一下流程，好让孩子明白你在做什么。给他指指哪儿是"咬牙"啊（用来咀嚼的牙齿），哪儿是"笑牙"啊（你猜得没错，就是最前面的那几颗），也不要落下口腔后部的智齿。你的目标是——教会孩子不放过任何一个角落。

🍜《梅尔文，重要的臼齿》🍵

　　让孩子刷牙这种事情不能硬来。你想让刷牙的过程变得乐趣横生吗？孩子会主动地拿起牙刷吗？我们坚信，这些问题通过简单地读几本儿童书就能轻松解决。你想让孩子真正意识到刷牙的重要性吗？你希望孩子能够主动请愿去看医生吗？你想知道孩子最开心的 10 件事是什么吗？你还在寻求其他的帮助吗？读读劳拉最近正在读的这本儿童书《梅尔文，重要的臼齿》（《*Melvin the Magnificent Molar*》）吧。

牙膏陷阱

　　婴幼儿吃饭的时候吐出来的东西确实不少，可这并不意味着他们能够乖乖吐牙膏沫。含氟牙膏明摆着是用来刷牙而不是用来吞咽的，所以我们建议你等到孩子两岁的时候再使用含氟牙膏（虽然很多孩子都两岁多了还没学会利利索索地吐牙膏沫）。如果你觉得不用牙膏刷牙不妥当，或者你家孩子看你用牙膏刷牙也吵着要用的话，最好在孩子学会吐唾沫之前给他们使用无氟的婴幼儿牙膏。

　　就算孩子越来越会吐口水了，你也要提防着（也提醒孩子注意）电视上经常播放的牙膏广告。这些广告中牙膏一次用量超大，视觉冲击力超强，但这跟现实生活没有一点儿关系。你要教孩子学会少挤牙膏，一次用跟小指指甲盖差不多大小的牙膏就可以。最后，警惕那些口味五花八门的牙膏——大多都是用泡泡糖味、肉桂味还有香橙薄荷味来命名——这种牙膏既诱惑孩子使用它们，又诱惑孩子用得过量。如果让孩子自己刷牙，有的保不齐还吃下去呢。氟对牙齿有益，对肠胃可没多大好处。

☕ 🍴 氟含量超标 🍵

自从20世纪40年代把氟应用到净化公共供水之后，氟就被标榜为对抗龋齿的大英雄。然而事实却是，过量的氟会使牙齿表面发生永久性变化（氟中毒的状况）。这就意味着，如果孩子现在只会刷完咽下去，不会刷完吐出来的话，家长就得密切注意孩子的牙膏使用量了。

食物和牙线

美国儿童口腔医学会建议，只要牙齿之间能够相互接触之后，就必须天天使用牙线剔牙——我们家长都很少这么做。也就是说，如果孩子牙齿还没长全就喜欢用牙线剔牙的话，不要拦着他们。就算牙缝跟你的小指指甲盖那么大了又有什么要紧呢？从孩子未来的健康习惯考虑，还是先抓住机会，教孩子学会熟练地使用牙线吧。

Part 5

不在家中就餐

¶ Chapter 25

亲朋好友帮忙带孩子

　　现如今，孩子的营养状况不止受父母的影响，因为还有其他人帮忙照顾孩子，他们的所作所为也会影响孩子的饮食习惯。父母和孩子之间常常因为饮食问题起纷争，既然你花时间读了这本书，想必你也很有兴趣掌握一套系统的方法来应对方方面面的亲子难题。家长总会有意无意地就卷入我们所说的"亲朋好友喂孩子的计划"中，这块大大的"绊脚石"常常不请自来，所以是时候谈论一下这个话题了。

　　我们说这话是什么意思呢？家长喂孩子吃饭的时候，免不了要受亲人的影响，这影响有时还不止一方面。为了使这一章更有针对性，让我们先想想这个问题：亲朋好友经常喂你家孩子吃饭吗？你家孩子吃的东西相当一部分是亲朋好友喂的吗？如果是的话，请你务必要跟亲朋好友一起读读下面的内容。

　　据我们所知，就算人们拥有相同的基因、背景和（或）传统习俗，也极少有人能够做到对任何事物都有相同的态度，当然饮食习惯也会不尽相同。我们不是说亲朋好友帮你喂孩子就一定是帮倒忙，但是如果你要求他们按照你的方式方法喂孩子吃饭，你肯定会经常遭到拒绝。就算他们不拒绝你，至少也会反对一下。在这个过程中，连旁观者都经常对你的做法说长道短，更别提自己的至亲了。他们会连连摇头，时刻监视着，看你如何应对各种喂养大战——你坚守原则、无视孩子的无理要求时，他们会说道说道；你为了耳根清净、满足孩子要求的时候，他们也会插一嘴。你家 2 岁的孩子还抱着奶瓶不放的时候，他们会管；你禁止孩子这么做的时候，他们还会管。凡是你能想起的情况，他们都会干涉一下——在面对食物挑战时、处理亲朋好友的关系时，每个人都有自己的一套行事方法。

婴儿不管看见什么，都会拿起来往嘴里塞。如果周末你把这么小的孩子放在爷爷奶奶家里放任不管，不久之后你就会发现，孩子居然只有用冰激凌哄着的时候才肯吃饭。又或是，你约好了跟邻居家小孩一起聚聚，希望以此教会孩子良好的社交习惯。没成想，邻居的意思却是让孩子吃一下午零食。吃一堆奥利奥，孩子肯定就没胃口吃晚饭了。虽然我们知道，这类饮食中的小插曲可能成不了什么气候——尤其是你不在一小会儿，别人看着孩子的时候，这些饮食中的小偏差更没什么大不了的。但是在吃上，就算你难得做了一回不太慎重的决定，好不容易灌输给孩子的好习惯也很有可能就会被这些轻率的决定给毁了。也就是说，从个人经验来看，在喂孩子的问题上，和亲朋好友打嘴仗真的会伤和气。虽然我们还没有万全之策来应对这个普遍存在的问题，但是我们还是希望略述拙见、略举一二，帮助你和亲朋好友能够共同进餐，而非反目成仇。

达成一致

家长最常应对的喂养大战是什么？你最常用的的喂养策略是什么？先想清楚，然后再把这些挑战和心得分享给其他帮忙喂孩子吃饭的人。当你跟他们交流时，请记住：你越是一意孤行，越难赢得别人的服从，别人也就越难坚持到底。毕竟，有些做法的合理性还有待商榷。如果总是用"我这么说，你就这么做"来强求他们的话，亲朋好友要么感觉无能为力，要么感觉自己的意见不被尊重而失望透顶。坚持"营养第一"的原则固然重要，但总是一意孤行，亲朋好友如果受够了你的固执己见，他们很可能就不会再帮你带孩子了。所以我们建议你先不要对他们提太多要求，就算提，也要委婉地摆明自己的观点。

· ▥▥ **安全第一**　"安全第一"的意识，不用说大家也都明白，但我们还是要多说几句。孩子有可能会被呛到，也可能吃东西过敏，还可能碰到热水……在诸如此类的问题上，如果帮你带孩子的人没有你谨慎的话，不要太顾及颜面，也不要怕伤了和气，还是换别人来照顾孩子吧。

· ▥▥ **警惕过敏**　食物过敏虽然不容小觑，但并不是每个人都这么小心翼翼。如果你家孩子对某些食物过敏，或者你有很严重的家族过敏史并且医生已经给出预防措施，禁止孩子食用某种特定食物的话，一定要跟亲朋好友讲清楚，有些东西不能吃就是不能吃。一旦孩子不小心吃了过敏食物起反应，一定要确保亲朋好友知道如何处理这种突发事件。

· ▥▥ **坚守信念，坚持下去**　据我们所知，每个家长在委托别人照看孩子的时候，都有某些特定的规矩和习惯做法。如果你觉得睡前喝杯奶会影响孩子睡眠，或是受不了孩子把油腻的披萨当作早餐，抑或是受不了孩子吃一些忌口的东西，那你不在孩子身边时，最好把这些顾虑告诉替你照顾孩子的人。虽说这些顾虑都是情有可原，我们还是要给你提个醒，你所坚持的东西在别人眼里并不一定能讲得通，别人可能根本没你那么在乎这些顾虑。

开诚布公，明确责任

处理由食物引发的问题尤为棘手，因为每个人对这些问题都有自己的见解，这样就很容易遭到他人的指责。我们早就观察到了，亲人朋友刚开始帮我们带孩子的时候，我们并没有和他们沟通好各项事宜。就食物而言，我们建议家长特别注意一下，意见不同时不要让分歧越积越多，最好开诚布公地讲出来。应每天允许孩子吃多少糖这类鸡毛蒜皮的小事，如果大人都不能统一意见，亲朋好友可能连孩子都不肯帮你照顾了，大人之间的感情恐怕也会出现裂痕。

计算一下共同进餐的时间

如果你在培养孩子养成健康的生活习惯时，遭到了亲朋好友的阻碍，少安毋躁，先估计一下，他们跟孩子在一起吃饭的时间到底能有多少，然后再扪心自问，朋友和（或者）亲人带给孩子的影响真的值得你大动肝火吗？他们是常常跟你交代的饮食习惯背道而驰，还是偶尔跟你意见不合？在孩子的营养方面，他们犯的只是小错还是酿成了大祸？当然，有时候因为亲戚在，孩子吃了一块巧克力蛋糕，喝了一罐可乐，你可能会觉得自己苦心经营多年的饮食防线功亏一篑了。但是，如果这些亲戚住在几百公里之外，一年就走动一两回，他们对孩子的影响其实可以忽略不计。

吃人嘴软

退一步海阔天空，先考虑全局，再决定如何回应。为人父母，靠亲朋好友帮忙带孩子，这都是常有的事儿。照顾孩子当然就少不了喂他们吃饭。如果你真打算仰仗亲朋好友，应该先考虑孩子的营养状况面临的风险有多大。你要么告诉自己，无论怎样都应该感谢亲朋好友的付出；如果做不到，那就只能想办法让他们只管照看孩子，不用喂孩子吃饭！如果亲朋好友在孩子的饮食问题上与你意见不合，而又没有什么大碍的话，说不定你都不想跟他们较劲，还乐得自在，终于把自己从做饭中解放出来呢。或者换种饮食方式，当然前提是健康的方式，你和孩子也许还能从中学到点什么，从而受益匪浅。

Chapter 26
购物时请保持清醒

如果你想以一种健康的方式带孩子购物，需要做好几方面的工作。家长自己掌握一些营养知识，无疑有助于看懂食物标签，进而躲过最常见的食物陷阱。除此之外，你还要了解商店的布局，懂些重要的购物车安全贴士，这样才能应对一些最常见的行为挑战。

防止购物车里出乱子

苏珊·J.道格拉斯和梅雷迪思·W.迈克尔斯给《妈妈的神话》一书写的序，开头是这样的："现在是下午5点22分，你正在超市排队结账……你家6岁的孩子正闹个不停，因为你没给他买最新版的方便午餐盒（Lunchables），这种食品以4组包装为特色，奇多膨化食品（Cheetos）、丝妮客巧克力棒（Snickers）、芝士高手（Cheez Whiz）、扭扭糖（Twizzlers）都包括在内，孩子喊着'妈咪，求你了，求你了'，动静大到连隔壁都能听得到。"短短6行字，我读的时候都快笑哭了。当然，如果你自己是当事人，这种司空见惯的场面可就一点儿也不好笑了。孩子的营养会出现各种复杂而又难以预料的情况，如果你真正花点儿心思，以一种更为宏观的视角来考虑这些问题，同样也笑不出来。这时候，未雨绸缪就显得尤为重要。载着呜呜大哭的孩子顺利走过超市过道，过了这关，才能称得上是真正地为人父母。把孩子带到超市，就像把孩子带进糖果店一样，没什么分别。电视里的广告产品五花八门，播放的大多数都是含糖、高脂、不健康的食品。这些广告就像识字卡片一样（当然是商家用来盈利的）不断在孩子眼前闪过，孩子进了商店一眼就能认出它们来，然后就开始吵着要。如果孩子在超市里吵着让你买东西，不断地恳求，没完没了，甚至（或者）朝你发脾气，这时候怎么做，你可得考虑清楚了。当然，我们也能给你支招儿。

•**不要理睬，继续推车前进**　不加理睬就是毫不妥协，这样才能防止购物车出乱子。虽然做到不为所动并不容易，但是这种做法的效果却值得一提。所以，父母必须保持冷静。你要坚信，带着哭闹的孩子逛商店的绝对不止你一个。泰然处之，说起来容易，做起来难。而且，就算你做到了不为所动，还可能会招致更多的父母围观。他们盯着你看，盯着你家大发脾气的孩子看——放心，他们不会对你评头论足，反而会对你的坚定不移敬佩有加。对孩子的无理取闹不予理睬，最后，问题很快就会解决了。只要你一直坚持下去，孩子很快就会知道没必要再继续缠着你了。

•**躲开诱惑**　大多数超市的布局都是一样的，你注意到了吗？主要食品区，或者诸如水果、蔬菜、谷物、肉、奶之类的全营养食品，往往都会摆在商店的边缘（或者外围），加工类食品则通常摆在商店过道里。那些包装袋五颜六色、闻起来香喷喷的面包和熟食，通常摆在店门口附近以吸引顾客。虽然这样的布局商店受益最多，但也使你更加容易锁定购物目标：在商店外围购物，结账的时候不走糖果区就行了。这样你就能轻而易举地躲过大多数诱惑，孩子眼不见心不念也就不闹腾了，带着你的健康食品满载而归吧。

•**提前商量**　无论你多么坚决，总会有妥协的一天（我们不是给你泼冷水）。我们不是给你泼冷水，细想一下，有时候孩子的要求似乎也没那么过分，这时候妥协未必就是坏事。人人都希望十全十美，但事实并非总是如此，尤其是你辛苦一天想图个清静的时候。我们不反对妥协，也支持你在适当地教育一下孩子。但是家长可得小心了，如果你为了赚个清净就向孩子妥协的话，那你以后可有得受了，你得不断地向他们妥协才行。如果你选择妥协，我们强烈建议你，凡事要有个度，在进店之前就跟孩子协商好。什么能买，什么不能买，都要提前和孩子讲清楚，进店之后就不能再变卦了。

• **不要饿着肚子购物**　成年人都被警告不要饿着肚子进店，以免做决定的时候被肚子左右，何况是孩子呢。换句话说，购物的时候肚子不饿，才能更有效地避免诱惑。至少从某种程度上来讲，孩子跟你提的某些要求，当然不是全部要求，可能就是因为饿了。所以，试着把孩子喂饱之后再带他们去吧。无须多言：孩子一饿就容易闹脾气，孩子一闹脾气，不仅容易经不住诱惑，不由分说地看见什么就要什么，通常还会吵得比以往更厉害。

• **果断离开**　有很多父母告诉我们，孩子无理取闹的时候，他们会直接把孩子抱起来扭头就走。他们认为这样做就是在明确地告诉孩子：无理取闹根本行不通。如果你问我们对此做何评价，我们只能说，如果你连最初想买的东西都没买就离开的话，这才是最大的遗憾呢。因为这样一来，孩子就会觉得你对他言听计从了。

• **自己去**　做了父母之后你会发现，自己有机会单独去一趟超市简直就跟做一天 SPA 一样奢侈。所以，要是孩子正值哭闹期，恰巧又没粘着你，那就再好不过了。找个时间自己去商店溜达一圈（比如孩子午休时，早上还没醒来时，或者晚上睡下之后——只要符合你们家的日程安排就可以），把孩子交给朋友、保姆或是你的另一半，只要保证安全就行。这不是逃避责任，不用过意不去。如果你家附近的商店环境舒适，又恰好提供儿童看护，那你就太走运了。

将超市当作营养课堂

毫无疑问，带着孩子逛商店真是劳心费力。话是如此，但我们不想就此打住，让你误以为不在买吃的上犯难就是购物的终极目标……超市里有这么多现成的机会，你可以教孩子识别商品，孩子也可以全心投入地参与到购物中来，这些都是学习饮食和营养健康知识的现成教材。因为就算是非常小的孩子，也能在你挑选一堆五颜六色的水果、蔬菜时学着分辨颜色，他们甚至还能说出水果、蔬菜的颜色来。孩子可能也非常喜欢尝试一些你通常不会买的东西。很简单，把健康的食品指给孩子看，然后跟他们一起讨论，最后决定买下来。给孩子打下健康的基础，这种教育方法非常奏效。你可能还没意识到呢，孩子就已经能帮你一起找你要买的东西了。帮你称称水果、蔬菜啊，然后把它们从购物单里划掉啊，看单价和营养成分表也不在话下。最后孩子甚至都会帮你一起挑选食谱，写下他们自己的购物清单。

🍵 购物车小贴士 ☕

为了孩子的安全，家长使用购物车时务必小心谨慎。把孩子放在摇摇晃晃的购物车里可万万使不得，因为每年都有2万多名儿童因为购物车事故而被送往急诊室。购物车突然翻倒，或者孩子突然从购物车里跌落，事故起因大多数是因为大人没在跟前看着。

为了安全起见，家长可以换种方式把孩子带在身边。比如把孩子放在折叠式婴儿车或者四轮小车里，用悬吊带把孩子背在身上也没问题，让孩子在地上走走也可以。当然，如果有人帮忙带孩子，还是把孩子放在家里吧。要不干脆不要出门，直接上网购物。如果你铁了心要推着孩子购物，建议选用类似于消防车或者赛车那种设计的推车。这种车底盘低，便于孩子乘坐。选购婴儿车时，记得买那种构造与游乐设施相似的车，虽然车里的防护措施看起来匪夷所思，不过这些都是必不可少的。

- **系好安全带** 推车之前先给孩子系好安全带。
- **保持坐着的姿势** 只要在车里，孩子就应该坐在座位上。
- **待在车里边** 买了推车难不成是为了站在外面的？那推车不就没有用武之地了嘛。
- **不要伸出车外** 孩子的手脚自始至终都应放在车里，不要伸出车外。
- **谨慎推车** 只有负责任的成年人才有资格推车。

学习看懂营养成分表

你买来一堆要吃的食物，发现并理解其中到底含有何种成分，才是学习营养知识的第一步。听起来可能挺容易，做起来可没你想得那么容易。

■ 包装袋正面的营养成分表

包装袋正面的营养成分表就是营养界里的黄金地段，因为制造商只有把成分表放在最显眼的位置才能招徕顾客。遗憾的是，制造商的噱头（比如全营养、低糖、低钠等）并不十分规范，还很可能误导消费者。不要被那些吸引眼球的噱头蒙蔽双眼，真正看懂营养标识才是重中之重。

🍲 营养成分表的 5W 原则 🍵

美国食品药品管理局（FDA）负责监管所有包装类食品的营养成分表。在一封写给食品行业的强制性文件中，FDA局长汉博格博士强调："肥胖症以及其他由饮食引发的疾病正在美国盛行，所以，迅速获得可靠的食物热量和成分信息就显得尤为重要。"目前美国公民的营养健康问题频发，所以全国范围内对5W营养成分表发起了热烈讨论也情有可原。

what：什么成分是需要公之于众的；who：谁负责决定这些成分；when：新的营养标识要求出台时，食品公司有没有严格遵守；where：相关的营养信息应该被置于何处才能便于消费者读取（将营养成分表印在包装正面的做法得到了越来越多的肯定）；why：我们喂给孩子的到底是什么，我们自己吃到嘴里的又是什么，为什么食品标识必不可少。

■ **营养成分表里有什么**

一开始，我们可能看不懂营养成分表，甚至还会觉得有点儿吓人，不过知道自己想要什么之后，了解一种商品就容易得多了，一看成分表，你就知道是不是符合你家的营养需求。所有的标签都包含相同的基本信息：

·分量大小；

·热量高低；

·需要限制的成分；

·需要充分摄取的成分；

·根据每人每天摄入 2000 卡路里的饮食标准，脂肪、胆固醇、钠和碳水化合物的最大摄取量和最小摄取量都会在脚注里标明。

识读营养成分表示时，美国国立卫生研究院温馨提示：

·**确保摄入足够的**钾、纤维、维生素 A、维生素 C、钙和铁。

·**使用日摄取量百分比（%DV）栏**判断某种成分的摄取量是否适当。摄取量少于 5% 相对来说比较低，高于 20% 相对比较高。

·**查看分量大小和热量高低**　不仅要查看单份分量大小，还要记得查看一包共有多少份。记住，成分表上明确标示了每一份中含有的营养成分。如果吃双份，那么热量、营养和日摄取量百分比也会相应加倍。

·**计算热量**　查看成分表上的热量数值以及热量来源于何处。比如，热量主要产自脂肪，还是蛋白质和(或)碳水化合物的总和？将热量和维生素、矿物质等其他营养成分比较一下，再决定这种食品是否应该食用。

·**禁止糖衣制品**　虽然糖分的能量价值高，但是糖分却没有什么营养。就算有，价值也不高。读一读配料表，确保那些添加的糖分不是食物的主要成分。请留意一下，配料表中的蔗糖、葡萄糖、高果糖玉米糖浆、玉米糖浆、枫糖浆和果糖，因为糖类常常隐藏在这些成分当中。

· **了解脂类**　选用含饱和脂肪、反式脂肪和胆固醇较少的食品有助于降低心脏疾病风险。你食用的大多数脂类应该是多不饱和脂肪和单不饱和脂肪。请将脂类的摄取量保持在总能量的20%至35%之间。

· **吃盐要多钾少钠**　研究表明，每天摄入少于2300毫克的钠（约1茶匙盐）可以降低患高血压的风险。与你想象的恰好相反，大多数钠并非来自于盐罐，而是来源于加工类食品。此外，多食用一些高钾食物（西红柿、香蕉、土豆和橙子等），因为钾能够帮助抵消一些钠对血管的压力。

🍵 不要买什么 🍵

　　不要只关注那些不显身材的衣服，也不要只留意哪些衣服不能穿。我们建议你转换一下注意力，看看哪些食品不要买，这样会更有益于家人健康。如果能毫不含糊地告诉你哪些食物是好的、哪些是坏的当然再好不过了，可是这种非好即坏的划分常常是以偏概全。用排除法，家长可以想想哪些东西不能买，从而作出更加健康的选择。

· **脂类**　不管你对脂类有什么成见，它们都是健康饮食必不可少的。话虽如此，但并不是所有的脂类都可以对人体有益。脂类也有好坏之分，两种特殊脂类你得格外注意一下：饱和脂肪和反式脂肪。

· **反式脂肪**　反式脂肪对你和孩子的健康一点儿好处也没有，有的甚至还会有损健康。虽然当今市场上含反式脂肪的产品越来越少，那你也不能放过任何一个反式脂肪的藏身之处。仔细查看产品标识，一旦发现，直接放弃，转而寻找更加有利于健康的食品。

· **饱和脂肪**　常温下这种特殊脂肪一般呈固体。虽说饱和脂肪的坏处没有反式脂肪大，但还是建议尽量少吃点儿。美国心脏协会（AHA）建议，饱和脂肪的摄入量应少于每日热量的7%，我们建议饱和脂肪的摄入量越少越好。

☕ 不要买什么 🍵

• **盐** 新出台的饮食指南建议每天摄入的盐分应该少于2300毫克（年过50的人，盐分摄取量应少于1500毫克）。有人可能认为这个数字过于严苛，但是美国心脏协会确认为这个数字应该更小。最开始关注营养标签上的含盐量时，你可能会大吃一惊，因为普通美国人饮食中80%的钠是来自于加工类食品。如果你对自己的盐分摄取量不甚了解，那你至少也得时刻提醒自己：盐，吃得越少越好！

• **糖类** 标注糖类，本身就是个棘手的问题，因为食物中有对人体有益的天然糖类，还有大量添加糖类，而美国食品和药物管理局并没有要求食物标识中要对这两种糖类进行区分。想要少吃糖类，标着"无糖添加"的食物无疑是最佳选择。往购物车里放添加糖类的食品时，要多多限制自己。最值得家长警惕的高糖制品，包括软饮料、果汁饮料、甜品、食用糖、果冻、糖果和含糖即食麦片。这种麦片，吃一份就足以满足一天的糖类需求。2～3岁的幼儿每天糖分摄入量最大为12克，也就是一天只能吃3茶匙糖。而实际上，那些2～17岁的孩子，他们每天摄取的糖分通常为14～17茶匙。参照标准，这个数值简直太可怕了。就算是成年人，每天摄入的糖类也不应该多于5～9茶匙。因为单是一罐12盎司的苏打水就含有10茶匙的糖类，这么想来，也令人担忧不已。

Chapter 27
托儿所中的饮食

　　怎样将喂养大战扼杀在厨房是个不错的开头，但是我们不能就此罢手、只停留在厨房中，因为美国 5 岁以下的儿童有 2/3 会定期出去吃饭，这种情况也要考虑在内。不要认为出去吃饭就只是在饭馆吃饭，我们指的是全美国在托儿所中的孩子，他们的日常饮食不受家长监督，所以尤其值得关注。吃得健康、营养（先不提每天还要进行适龄的体育锻炼，同时要少看电视），体重才能保持在正常范围内——这条至关重要的原则，在家中和托儿所中都同样适用。在托儿所中吃饭，既有挑战也有潜在的好处，但是我们经常忽视这些挑战和好处，所以是时候集中火力攻下这一高地了。

> ### 🍵 我们真的很在意 🍚
>
> 　　据估计，全美国每周由他人代为照看的 5 岁以下儿童大约有 1200 万。妈妈是职场中人的孩子，一周平均有 36 小时在托儿所中度过。这就意味着，托儿所提供的食物占了幼儿日常营养摄入的一大部分；这也意味着，托儿所供应的食物和饮品会大大影响孩子的饮食习惯。现如今，在托儿所吃饭的孩子已不是少数，父母和看护人员一样，都有机会和责任来共同抚育孩子。只有携手并肩，与儿童肥胖症的斗争才能反败为胜。

托儿所中有什么

虽然无论在家里还是在托儿所，都会遇到饮食挑战，但托儿所的环境与家庭不同，有时候更利于孩子健康饮食习惯的培养。

• **积极的同辈压力** 同辈压力无处不在，能定期将同辈压力的积极作用发挥到极致的地方莫过于托儿所了。在这里，孩子与同伴得到的饭菜并无二致，人们鼓励孩子而非逼迫他们去尝试。对一个挑剔的孩子来说，没有什么比看着自己的同伴坐下来乖乖吃饭更有信服力了。没有父母的强制要求，也没有吃饭压力，通常也就意味着没有选择的余地。

• **见什么吃什么** 别无选择才是制胜关键。因为在家中，为了图方便，父母常常经不住快餐的诱惑。这种现象在托儿所中就不太可能发生，因为托儿所中的食谱都是提前制订的，营养十分均衡。这里几乎没有讨价还价的余地，就算有，也不会由着孩子乱来。要么选择吃下去，要么选择就这么饿着。相比在家里吃饭，孩子在托儿所中更愿意尝试新事物，他们饿了就吃，从不抱怨。

• **能多次尝试** 不仅是父母，也包括我们自己在内，在饭桌上都不大会拒绝孩子。尤其是在漫长的一天结束后，家长更是疲于应付。孩子一不吃饭，父母就禁不住想妥协，觉得同意一两回也未尝不可。家长忘了一件事，孩子接触一种新食物的时候，往往要尝试很多次（甚至多至 15 次）才能欣然接受，就算不接受，至少也不会排斥。所以，就算孩子一开始不接受托儿所定期提供的相同食谱，他们以后也会不断接触到各种各样的食物。如果他们尝了一口，发现自己不喜欢白软奶酪（cottage cheese）、豌豆或者烤宽面条，没关系，以后他们有的是机会跟这些食物打交道。

• **固定的时间安排** 根据孩子年龄大小，将定时进餐的习惯坚持下去，是培养良好饮食习惯的关键。托儿所里，定期安排的主餐和零食都是由国家授权管理，孩子吃主餐和零食的次数都有明确规定，这样一来，就避免了孩子一天到晚吃个不停。

•**家庭式餐点**　在家里，父母抚养孩子的生活日益繁忙，我们给家人留出来一起儿吃饭的时间越来越少。但在托儿所里，孩子每天都有机会坐下来和朋友一起吃饭。当然，最好看护人员也陪着吃。这就是托儿所的一大优势——看护人员会认真洗手，会跟孩子吃一样的饭菜。他们教孩子学习餐桌礼仪，积极鼓励孩子尝试新事物，激励他们自己学着吃饭，必要时还会搭把手。总之，看护人员跟孩子一起吃饭时就是孩子的榜样。抢东西的啊，吃得过饱或者过少啊，嘴里塞得太满啊，不小心呛着啊，这些不尽人意的小插曲，只要有看护人员在，就不太可能发生。

☕ 时间问题：安排主餐和零食 ☕

孩子在托儿所里每天吃主餐和零食的时间问题可以参考以下几条准则。

•如果孩子待在托儿所的时间少于 8 小时，那么托儿所至少应该给孩子安排一顿主餐、两顿零食，或者两顿主餐、一顿零食。

•如果孩子待在托儿所的时间多于 8 小时，那么托儿所至少应该给孩子安排两顿主餐、两顿零食，或者一顿主餐、两顿零食。

•不要指望幼儿和学前儿童可以坐太久。吃主餐时，他们呆在桌旁的时间应为 10 ~ 20 分钟，吃零食的时间应为 5 ~ 15 分钟。

•看护人员应该在上午 9 点和下午 3 点给孩子补充营养丰富的零食。

•除非孩子睡着了，其他时间，托儿所应该每 2 ~ 3 小时就给他们喂一次饭。

•婴幼儿的营养需求更加频繁，两小时喂一次也不为过。

托儿所注意事项

有些托儿所由企业经营，他们会为托儿所提供标准化的儿童保健方案。有些托儿所会制订自己的标准，有的给孩子提供食物，有的要求家长自己为孩子打包饭菜。有些托儿所配有大厨，他们会准备家常菜肴，就是分量上要比家里的大得多。不论选择哪种托儿所，都是各有利弊。家长只有不断地咨询、观察，才能找到满意的托管机构。当然，家长肯定会找到各种实用的参考表来评估自己所选的托管机构，不过结果往往没有预想中的那么理想，因为做重大决定时，人们心里总会打一两个问号。托儿所负责照顾孩子的饮食起居，所以选择托管机构就跟选择班级大小、师生比例、人身安全和课程设置一样重要。鉴于此，我们提醒父母额外注意以下几点。

• **餐品是什么**　如果托儿所里不健康的食物和饮品称霸菜单的话，那么定时进餐啊、同辈压力啊、自己学着吃饭啊，这些潜在的益处都将成为泡影。倘若托儿所提供餐饮服务，家长记得查看一下菜单。不仅要查明这些主餐和零食有没有提前备好，还要查明托儿所是否真正按照菜单上菜。就算是按菜单上菜，还要查明这些餐品是否符合你给孩子制定的整体营养规划。

• **对外带食品严格把关了吗**　吃托儿所中的食物时，有福同享，可不一定总是好的——尤其是孩子恰好对其他父母带来的东西过敏，抑或是这些东西远没有你想象中的那么有营养，更有甚者一不小心还会呛到孩子的，凡此种种，都不值得分享。对于这些用作零食、主餐以及特殊场合的外带食品，家长很有必要咨询一下托儿所有什么规定，如果他们能给出明确答复那就再好不过了。

• **分量、大小合适吗**　孩子到底是吃饱了还是吃撑了？如果孩子饿了，他们可以再要吗？根据孩子年龄大小，托儿所中提供的食物和饮品都有相应的许可标准。家长要查明孩子在这里是否能吃得饱，还要查明托儿所是否适当地限制孩子的饭量——千万别纵容孩子对自己喜欢的东西大快朵颐，对不喜欢的东西置之不理。吃饭时适可而止，不仅能更好满足孩子的营养需求，还能防止孩子吃得过饱。孩子学着自己吃饭时，如果看护人员将进餐环境布置得如同家人进餐一般，并且耐心地帮助孩子，那么这种适可而止的饮食习惯，一经鼓励便可轻松养成。

• **提高警惕了吗**　如果你家孩子有任何食物过敏现象，一定要确保他的看护人员能够充分考虑到孩子的忌口问题，家长还要与之讨论一些恰当的预防措施，以确保孩子不会在不经意间被喂致敏食物。

☕ 禁止带入花生的托儿所 ☕

　　包括劳拉去的那家托儿所在内，很多托管机构为了严格控制儿童接触花生，设有"禁止带入花生"的规定。就算孩子只有在节假日或者生日这种场合下才允许外带食品，在托儿所这种地方，做到"零花生"也是不太可能的。虽然饼干和蛋糕这类烘焙食品本身不含花生，但是你仔细看一下标签就会发现，很多食品都是由生产花生制品的面包店或食品工厂制造的。

• **想喝点果汁吗**　从营养不良到儿童肥胖症再到龋齿蛀牙，凡此种种，高糖饮料是罪魁祸首，当然果汁也不例外。尽管如此，很多托儿所中，果汁仍旧是一种待选饮品。牛奶搭配主餐、白水搭配零食的组合已经足够完美了，果汁本身就是多余的，为什么托儿所还会频繁供应呢？托儿所管理机构的规定可能会解释个中原因——管理机构规定，托儿所每次必须提供由两种食品组成的套餐。这项规定本意是想保证孩子们吃得营养丰富，不成想，反倒成了果汁大行其道的祸根。虽然果汁不如真正的水果营养丰富，但是为了应付规定，托儿所还是会经常给孩子喝。

• **卫生状况如何**　孩子在托儿所中肯定会接触细菌，这无可否认。不过家长还是要确认一下，就算托儿所里的卫生条件没你家的好，那也不能比你家的差。记得看看那里的备料间和进餐处。厨房、餐具和桌面干净吗？处理食物的人员接受过训练吗？厨师、帮手和孩子们会先洗完手再去拿东西吃吗？

☕ 🍴 为果汁正名 🍵

如果你选的托管机构提供果汁饮品，请保证它们是 100% 纯果汁。

• 不要用果汁完全代替水果，因为真正的水果营养价值更高。

• 1 岁以上的儿童，每天饮用果汁的总量应少于 4 ~ 6 盎司，最好不要给婴儿饮用。

• 不要随便交换杯子。禁止孩子一天到晚喝个不停。

托儿所检查清单

不管你是第一次挑选托儿所，还是正在对孩子所在的那家托管机构进行详尽的考察，如果你手头上没有现成的资料，我们建议家长把以下推荐信息牢记于心。下面这些与营养相关的问题，都是由肥胖症预防策略衍生出来的。这些预防策略由美国儿科学会、美国公共健康协会、国家儿童护理健康安全资源中心和早期教育中心共同制定。

• **常规来说** 你们有成文的营养计划和（或）菜单吗？如果有，是权威的营养专家制订的吗？这些计划和菜单符合国家要求或者农业部的建议吗？

• **喂自己吃饭** 你们会根据孩子年龄大小，允许或鼓励他们用适当的餐具自己吃饭吗？必要时，有人会帮助他们吗？

• **安全性** 所有的看护人员都经过心肺复苏和急救培训了吗？诸如呛到和（或）过敏等潜在突发事件，你们有针对性的培训吗？孩子吃零食的时候可以走动吗？他们可以不坐在桌边吃饭吗？

•**过敏** 孩子过敏，你们应付得了吗？你们有什么措施来防止孩子无意中接触过敏食物吗？你们会安全存储、高效规范地使用肾上腺素注射器吗？你们明文规定员工要接受类似的针对性训练了吗？

•**饮品** 你们给 2 岁及 2 岁以上的孩子喝 1% 的低脂牛奶还是脱脂牛奶？干净的饮用水是现成的吗？年幼的孩子也能轻易喝到吗？你们鼓励孩子全天喝水吗？你们给孩子限量喝果汁还是根本就不提供果汁？如果供应果汁的话，是 100% 纯果汁吗？除了水，在吃零食和主餐时，你们会限制孩子喝其他饮料吗？

•**员工食物** 员工会跟孩子一起吃饭吗？员工可以外带食品进入托儿所吗？带来之后能在孩子面前吃吗？

•**拒食现象** 孩子要是因为太饿、太累或是太心烦意乱而拒绝吃饭，你们怎么办？不论是吃主食还是吃零食，你们允许孩子自己决定吃多少吗？你们会强制或者贿赂孩子吃饭吗？

•**营养教育** 孩子有机会学习食品知识和健康的饮食习惯吗？ 一些适龄的活动，诸如做饭啊、园艺啊，水果、蔬菜和其他营养丰富的食物等，他们有机会参加吗？

•**体育锻炼** 除了着眼于孩子的营养状况，你会带着孩子参加适龄的日常体育锻炼吗？孩子可以参加哪些体育活动呢？天气允许的话，所有的孩子都有机会出去透透气吗？如果天公不作美，孩子又会做什么呢？

•**限制孩子观看时长** 众所周知，看电视或者其他影视，不利于孩子形成健康的生活习惯，所以你们对孩子看电视、电影有时间限制吗？如果你们准许孩子看电视，每天或每周的观看时间总量是多少呢？你们会给孩子播放什么类型的节目呢？

与老师共同探讨

如果你对托儿所的其他安排甚是满意，唯独对他们的营养搭配不太满意的话，那就要提醒自己，这几年正是孩子的快速生长期，对之后的身体发育影响巨大。喂养孩子这条路，道长且艰，让孩子养成健康的生活习惯更是急不得。但是我们不能气馁，家长和其他看护人员应当携手并肩，共同为孩子的健康保驾护航。我们建议，家长可以借这本书提供的信息与托儿所老师共同探讨，跟他们谈谈，你从孩子身上期望看到的进步是什么，毕竟老师在孩子的成长过程中所起的作用不容忽视。

Chapter 28

电视对孩子饮食的影响

　　当今食物引发的亲子大战无处不在，先假设你已经全副武装，单挑出任何一场战斗，都能应付得来。接着想象自己闭上眼睛，坐下来，准备向这个难搞的敌人发出挑战。好了，现在睁开眼睛，你脑海中出现的敌人是谁？没错，你想到的肯定不是菠菜。是容易洒出来的苏打汽水吗？是一盒摞着一盒的含糖燕麦吗？是麦当劳里全能开心套餐配上一系列便利午餐盒吗？好吧，都有可能。但是，我们现在指的是能力超强、摇身一变就能恶化成喂养大战的敌人。这个敌人影响太大，在过去的50年间，它早已深深侵入到美国的千家万户，给人们的饮食带来一场浩劫。接下来我们就要告诉你这个善于伪装的劫掠者了。这可能是最让人上火的消息了，因为它是孩子的最爱，之前也曾被你视如珍宝，它就是电视！

电视已侵入孩子的生活

　　看看下列数据，美国年轻一代看起电视来有多专注就能一目了然了。

　　•不到6岁的孩子，10个中有8个每天至少有两小时是花在看电视、玩视频游戏和玩电脑上的。

　　•6个月到6岁大的孩子中，有2/3每天都会看电视。

　　•在儿童卧室中安装电视已十分寻常：几乎有1/3的孩子在3岁之前就有了自己的电视机。

• 在孩子 3 个月大之前，就有 40% 的婴儿经常看电视、DVD 或者各种视频。这个令人心忧的比例在孩子 2 岁时会飙升到 90%。儿科医师不鼓励孩子在 2 岁之前看电视，但是 90% 这个比例完全说明了父母对此事熟视无睹。

日常活动中，电视机、电脑、智能手机无处不在，孩子免不了要接触这些东西，我们不能再放任不管了。如果只是观看时间长短的问题，我们势必要重视起来。但是越来越多的证据表明，问题远不止如此：一周看电视超过 8 小时的孩子患肥胖的概率更高，3 ~ 5 岁儿童一天看电视超过 2 小时更容易超重，4 岁孩子看电视的时间越长，身体质量指数（BMI）就越高。虽然导致孩子看电视的原因不同，可能是因为睡眠习惯不好，也可能是因为孩子喜欢久坐不起，但是我们也不能忘了定期插播的广告也是罪魁祸首之一，电视广告对孩子身体的影响深远得很。

孩子也是商家的营销对象

电视节目会想尽办法吸引年轻观众，而电视广告商也是同样费尽心思。他们不仅通过广告诱惑孩子，而且希望能将孩子们发展成为日益重要的消费者。就像儿科医生致力于理解孩子以及孩子的成长一样，全世界的商人和零售商也没闲着。孩子怎么就成了消费焦点了呢？在我们进行深入调查时，无意中发现了这个不断发展壮大的营销对象，而且我们也想将孩子成长过程中不为人知的一面分享给你。事先说明：下列各种营销里程碑，有些读者可能读起来尤为苦恼。

• 1 岁：观察的年纪 1 岁时，孩子开始学者坐立、说话、表达自己的态度，而这也是他们被束缚在购物车或者婴儿车上最多的年纪。父母购物时，他们也在车里探索着这个五彩斑斓的营销世界。

• 2 岁：要东西的年纪 2 岁的孩子已经知道他们在电视上看到的梦寐以求的东西也摆放在商店的货架上。他们用尽一切办法

🍲 孩子的伎俩 🍵

毫无疑问，孩子挑选食物时会受到食品广告的影响。孩子一年能看到三千多条广告，要是家长能够看透这其中商家用了多少心思，我们打赌会有越来越多的家长就再也不会让孩子看海绵宝宝和史努比了。儿童商品市场为什么大获成功了呢？商人口中的"唠叨"策略就是成功的关键。没错，几乎所有的父母都会悉心教导孩子不要哭闹，但是有人却花钱鼓励孩子哭闹。很明显，因为父母不胜其烦之后就缴械投降了。孩子哭着要广告上的东西再正常不过了，不用多管，你的责任就是明辨是非。家长要真正让孩子明白，人不能总是得到自己想要的东西。当然，少让孩子看电视才是上上策。

来得到自己想要的东西，不管是乱打乱叫还是撒娇发脾气，2岁的孩子对于这些可在行了。商家就是利用孩子的死缠烂打来进行营销的。

•**3岁：会挑选的年纪**　在孩子认识 ABC 和 123 之前，他们就已经认识商标名称了，甚至还能够帮父母从当地的商店里找出来。3岁，是商家期盼已久的关键时期。

•**4岁及以上：独立采购的年纪**　不管最初是由父母陪着买东西还是最后孩子自己买东西，在5岁之前，孩子都还没从托儿所毕业呢，就已经会自己买东西了。

🍲 营销里程碑：劝诱的魔力 🍵

专家表明，在八九岁以前，孩子还不能将促销花招与实际商品分开，也不能完全认清商家的噱头。其实，何止是孩子，很多成年人也会被促销花招迷惑。

不要让孩子沉迷电视

电视节目给孩子的饮食造成的巨大危害真实可鉴，家长对此越来越表示赞同，既然如此，我们就想了几招来防止孩子沉迷于电视。事先声明一下，我们可不是极端主义分子，我们也绝不认为有的节目不好就该全盘否定。但是我们觉得确实是到时候了，家长，也包括我们在内，是时候打起精神、采取措施了。

■ 关掉电视

关掉电视，这个你完全说了算。把电视关掉或者直接把电视搬出去，精心制作的广告再怎么深入人心，孩子也看不到了。没错，这事儿说起来简单做起来难，就算路长且艰，那也值得一试。

■ 转而看别的

录像带啊、DVD啊、为儿童设计的硬盘数字录像机啊都可以。这里有大量的预录或预摄设备供你选择，这样挑选出来的节目，既合你心意而且富有教育意义。这样一来，一是更容易控制孩子的观看时间，二是可以将大部分不想看的广告筛选出来。

☕ 媒体影响 ☕

美国儿科学会建议2岁以下的儿童禁看电视，再大一点的孩子每天的观看时长也不应超过2小时。不论是电视、视频、电脑还是视频游戏，都不可以。

■ 给孩子看设限的节目

在节目时长和节目内容上，家长都应该明确设限，之后才能允许孩子观看，也不必担心孩子沉迷于此不能自拔了。

■ 禁止吃饭时看电视

回到1945年，当时斯旺森公司总经理遇到了一个难题。因为感恩节过后，仍有270吨火鸡滞销。总经理受当时飞机上分发的塑料托盘启发，发现托盘里的食品可不止花生和椒盐饼干。于是，传闻他安排 24 名女工把火鸡、玉米面包、肉汁和黄油豌豆连带红薯一块打包，做成了世界上第一份盒装电视套餐。他对当时的销量没抱太大希望，不料当年就创出了 1000 万的销量奇迹。虽然 1962 年之后就没了"盒装电视套餐"这一说法，不幸的是，看着电视吃饭的习惯却流传至今。所以，我们强烈建议，吃饭时间禁看电视。如果家长也有这个坏毛病，千万别让孩子也染上吃饭看电视的坏习惯啊。我们建议，饭中或者饭间都不应该让孩子看电视。

■ 家人看电视时也要注意

开着电视的时候，家长就要留心一下孩子看的节目了。不止是节目本身，还得留意节目前、节目后、节目间插播的其他影视资讯。虽然《犯罪现场调查（CSI）》和《夜间新闻》这类少儿不宜的节目已超出了本书的讨论范围，但强烈建议将这类节目列入禁看节目范围。电视中的广告泛滥成灾，请家长务必适当采取措施使孩子免受影响。就像现在的广电总局审剧一样，家长也要审查孩子要看的电视节目。无论如何，请务必将电视搬离孩子的卧室。如果家长能够保障孩子看的节目都是适合儿童的，还要记得限制孩子的观看时长。各类传媒节目不仅影响孩子的饮食选择，还影响孩子身心健康。既然我们现在已经知道了，那就鼓励孩子多多起身出门吧，这样才能保持活力呀。

Chapter 29

带孩子去餐厅吃饭

以前只有在特殊时候才预约去餐厅吃饭，餐桌通常铺着白色的桌布，两人相对而坐。孩子呢，就留给保姆放在家里。今时不同往日了。如果你家跟现在人多数家庭一样，那么你们外出就餐可能早就变成一种生活方式了。当今美国人外出就餐已经司空见惯，为此，他们花掉了将近一半的家庭食品预算。除此之外，人们在外面摄取的热量已占全部热量的 1/3。

这种饮食趋势倒是方便得很，不过随之而来的是，孩子的饮食表现也出了问题。通常来说，在家里这种比较私人的场所教育孩子更容易一些，孩子才能渐渐地养成健康、安全、为社会所接受的饮食习惯。在餐馆吃饭，一家人的饮食问题就摆在桌面上了。这时候，孩子的进餐表现，逐渐学会的饮食技能，还有父母的耐心，都有可能接受考验。

有鉴于此，我们冒昧给你提出 10 条的小提示，希望孩子在公共场合就餐时不致表现恶劣，也希望你们一家人外出吃饭时能吃得更健康、更开心。

保持健康的饮食态度

外出就餐需要人们具备各项社交技能，家长不仅要教给孩子这些技能，还要找机会让孩子大展身手。去餐馆之前一定要告诫自己：要保持安静，要把餐巾铺在腿上，整顿饭都要安安稳稳地坐好。毕竟这些习惯不是天生就有的。

挑一家适合孩子的餐馆

当你开始挑选餐馆的时候，怎么着也得挑一家招待孩子的餐馆吧，这样不就暂时可以松口气了嘛。可是，怎样才能一眼就判断出这家餐馆适不适合家庭用餐呢？不要在脑海里想象一幅浪漫的双人烛光晚餐的画面，照着跟这个画面完全相反的餐馆去挑就好了。如果餐馆窗户上贴有"儿童免费用餐"的标识，那老板娘肯定已经备好蜡笔等你们来了。这里的背景噪声肯定不小，一定会盖过任何不期而遇的大动静。我们敢说带孩子来这种餐馆再合适不过了。当然，也别忘了看一下菜单，我们可不能因为这里适合家庭用餐就不顾食物有没有营养了。如果你想培养孩了的餐桌礼仪，最好还是挑一家成人顾客多一点的餐馆吧。

请自带饮品

如果带着孩子外出就餐，父母还想喝一杯，就不大好办了。我们这里说的"自带饮品"和含有酒精的饮料可没有一点儿关系。相反，这里是用来提示父母，把孩子要喝的备好了才能出门。诸如儿童用杯、儿童餐盘之类的餐具，还有彩色图册和蜡笔之类的东西都带上吧。只要记着，急孩子之所需，饭就能顺利吃下去。孩子受用了，用餐氛围就不会被破坏。

•**食品**　只要你不怕自带食品太多而影响了孩子尝试新食物，那你完全可以外出吃饭时给孩子带上一些吃的。如果孩子无法忍受漫长的等待，或者孩子太小还不能吃饭店里的食物，亦或者孩子过于挑食，好了，自带食物去餐馆吃饭吧。

•**儿童玩具**　等待上菜的时候，给孩子拿几本书或者几个玩具吧，这样就能轻松度过一段漫长的等待了。要是这些东西他们之前从没见到过，那安抚效果就更好了。婴儿比较好应付，准备个拨浪鼓或者橡皮勺子就好了；再大一点儿的孩子，给他们一张纸、几根蜡笔，他们就能安安分分地画画了。

•**附带物品**　家长一定要记得带围嘴和水杯。如果饭店不提供带盖的杯子，那你还得再带个吸管杯。同理，带把橡胶勺子和儿童叉子就免得孩子被餐馆里危险的餐具伤到了。

缩短就餐时间

孩子在餐馆里的大多数不良表现都能归结于等待时间太长。尤其是他们闲着无事可做的时候，时间一长，无聊和不耐烦就接踵而至。你越是期待他们守规矩，他们就越容易焦躁不安。所以，从进入餐厅的那一刻起，家长就得注意把握一下时间了。我们建议：

• **提前打电话** 提前订好餐厅或者电话预约座位，到了之后，就不用在等候区等着了，直接坐到桌边就好了。

• **提前去** 外出就餐的时候避开高峰期，这样就不用排队了。如你所愿，上菜可能都比高峰期上得快，孩子就没那么容易疲惫焦躁了。看看那些坐在你周边的父母，他们肯定跟你想的一样，才早早带孩子来吃饭的。

• **高效点餐** 如果家长时间不够，孩子又不耐烦，跳过点饮料这一步，不用那么讲究，直接点全餐就好了。如果你想早点离开餐馆，你甚至可以在服务生把菜端上来的时候，顺便把账结了。

提前清理桌面

外出就餐的好处清晰可见，因为吃完之后我们不必自己收拾桌子。但是我们这里说的"清理桌面"是在你吃饭之前要做的。因为餐馆里桌面上的物件很少是针对孩子设计的，如果不提前拿走，吃饭的时候就难免会出乱子。"眼不见，心不念"的原则在这种场景里尤为适用。我们建议，家长一坐下就要检查桌面上那些可能影响进餐的东西，千万不能让它们落在孩子手里。针对"孩子的最爱"，我们列了一个单子供你参考。

• **蜡烛** 孩子看见蜡烛就跟飞蛾看见光亮一样，根本忍不住。给孩子玩蜡烛无异于让孩子玩火。

• **刀具** 餐馆完全不会考虑哪个年龄段的人来这里就餐，他们直接就把刀具放在桌子上，家长应该先把刀具收起来。如果孩子还不太会用这类餐具，他们吃进嘴里的饭没几口，叉子、勺子掉在地上的次数倒不少。如果是这样，你也把叉子、勺子一并收起来吧。然后，开始转移孩子的注意力，让孩子用你自己带来的餐具。

• **糖类和调料** 孩子摇摇盐罐、玩玩甜料袋子倒是很少能伤着自己，但如果不把这些东西收起来，撒一桌子糖也不利于进餐。

• **饮品** 洒点饮料这种状况虽然不可避免，但终究会扫了吃饭的兴致。当然，你也不必就此放弃点饮料，只要保证不把饮料放在孩子胳膊下就行了。把饮料放地离桌子边缘远一点的地方，然后拧上盖就好了。

事先定好规矩

孩子会走路以后，不管他们怎么装模作样地挑战你，你要明白，一味说"不"是行不通的。你要对孩子进行教育，还要让他知道后果才行。出门之前，要跟孩子说好应该怎么做，还得说清楚要是吃饭时表现不好会有什么后果。不管你决定要让孩子承担哪种后果，都得挑一个你心甘情愿、一定会遵守的。比如，如果你和孩子约定表现不好就离开，那么就算菜还没上，你也要带着孩子果断离开。

🍴 让孩子吃到健康食物

孩子可以在饭店里尝到各种新的食物和口味，不过这也是一种冒险。因为菜一上来，马上就能检验孩子能不能做到你给他规定的饮食要求了。调查结果显示，6岁以下的孩子最喜欢的5种食物是薯条、鸡块、披萨、汉堡包和冰淇淋，这个结果令人非常不安，让人一下子就联想到了儿童套餐的主题。毫无疑问，从儿童套餐中点餐能让整个晚餐吃得相当容易。但问题是，孩子更容易被熟悉的食物所吸引，他们很快就学会了只从儿童菜单中点餐，从此一发不可收拾。而且他们点的菜品非常单一，几乎全部都是些不健康的食物。我们建议，油炸食品能不吃就不吃，点些更有益健康的食物。不要被免费续杯的苏打饮料所诱惑，来杯牛奶吧。你也可以鼓励孩子尝尝你盘里的食物，给孩子从成人菜单中点些有营养的菜也行，帮他改掉只从儿童菜单点餐的坏习惯。

控制花费

家长之所以同意孩子从儿童餐单中点餐，诱因之一就是儿童菜单中的食物便宜一些。同样的价格，在成人菜单中只能点一份主菜，而在儿童菜单中却能点一份主菜、一份配菜、一杯饮料和一份甜点。即便如此，儿童菜单中的食物营养还是少得可怜。所以，我们给出了以下几个方法帮你减少花销，你可以试试：

• **有福同享** 如果你既想省钱物，又想多让孩子尝尝种类不同的食物，那你可以考虑和孩子一起分享一份成人餐。如果孩子饭量不大，而你又一般吃不完一份主菜，那这个方法对你尤其适合。另外，让几个孩子共享一份成人餐也是个不错选择。

• **减少分量** 你可以问问饭店能否以低价购买小份的成人餐。或者你也可以点两份开胃菜，这样价格既便宜，份量也能顶上一份儿童餐。不过你得提前看好开胃菜是不是全是油炸或高脂肪的食物。

• **一餐吃两顿** 不要因为付了钱后为了不亏本，就教育孩子把所有的饭菜吃光。尤其是去那种量大丰盛的餐馆，你应该鼓励孩子以吃饱为原则，如果剩下了，就打包带回家，以后再吃。顺便提一句，这条策略对孩子和大人都适用。

适量的小费

跟自己单独吃饭时不一样，带孩子外出吃饭的时候，你能保证吃完后餐桌上不会一片狼藉吗？你能保证中间不会叫服务员吗？如果不能，我们建议你还是根据情况多拿点小费吧。给小费这件事，要以饭店服务的质量、服务生的跑腿次数以及孩子留下的残局大小为准则，一般而言，小费要与服务成正比。

餐馆不是乐土

按照美国餐馆协会（National Restaurant Association）负责人的说法，餐馆已成为现代社会的一方乐土，亲朋好友可以聚在一起，度过一段轻松惬意的美食时光我们无法得知他所指的是哪个家庭，也不确定吃饭的人都是多大年纪，但把餐馆比作乐土的说法本身就不准确，在餐馆吃饭的体验甚至都算不上轻松自在。当然，要是我们积极面对提前制订计划那么轻松自在的就餐体验还有可能实现。但是，如果什么准备都没做，那你免不了在餐馆里遇到这样那样的问题。如果孩子疲惫不堪、焦躁不已、大喊大叫，不能安静地坐在座位上，那么今天的晚餐就到此为止，下次再来吧。走的时候别忘了点份外卖回家吃。这样一来，你就成了点外卖大军中的一员，相比于去实体餐馆吃饭的人，现在大多数美国人选择点外卖在家吃，对那些想吃得更加健康的人来说，点外卖就会带来一系列挑战和不足。

🍵 儿童免费用餐 ☕

毫无疑问，"儿童免费用餐"意味着不仅餐厅欢迎一家人前来就餐，而且你还能在结账时省下一笔可观的费用。但要注意，餐厅通常只有在人少的工作日才有这样的优惠（例如周二和周三），而且许多餐厅只给每个付全价的成人提供一份免费儿童餐。当然，如果儿童餐里有健康的食物可供选择，多交一点钱也是非常值得的。换句话说，无尽的免费油炸食品在任何人的眼里都不应该视为是一笔好买卖。

Chapter 30
飞机上的喂养大战

　　带着一个嗷嗷待哺的婴儿或是饥肠辘辘的孩子坐飞机是一件非常费心的事，还总是会遇到耽搁了时间、走错了路或是错过了飞机等一连串的糟心事（更不要提食物准备得不足了）。但毫无疑问的是，对于宝宝来说，相比于其他在飞机上可能遇到的问题，还是在飞行期间的吃饭和喝水问题更为重要。在把购物、打包、提前登记等准备工作安排妥当之后，你可能轻而易举地就把吃的和喝的抛之脑后了。或许你足够幸运，虽然事先忘了准备食物，却也相安无事地到达了目的地，但对于这种失误，你可不能让它事过无痕，要知道计划虽小，却能让你的旅行更加顺利安心。

> ### 🍵 计划你的行程：充分利用中转站 🍵
>
> 　　在我们还未为人父母时，我们偏爱直飞航班，对没完没了的中途转机避之不及，如果不行也想着一次转机完成。然而，作为经验丰富的家庭旅行者，我们强烈建议你考虑一下联程转机，这样你就有充足的时间在机场坐下来吃一顿饭。虽然说起来容易做起来难，但是在时间安排里加上吃饭这一项能帮你在剩下的旅程里留出喘息的时间——长途飞行可能正好和孩子的吃饭时间重叠到了一起。

　　如果要考虑到营养，那我们给你提供两种选择：一种是为了适应环境，你可以调整孩子吃饭的时间，和所吃的东西；另一种就是继续跟着你的营养搭配走——不过这就需要你尽心制订一个更加完善的飞行计划（以及一个可以装上所有食物的小行李箱）。除非你们一家是飞行常客，否则对于偶尔一两次不合规律的饮食，你既不必过于担心，更没必要把它当成一场战斗。只是我们得提前告诉你，机场的食物供应区简直就是个雷区，里边供应的食物看起来很诱人，但都油乎乎的，很不卫生，对健康也不好。虽然小行李箱既占地方，拎来拎去也不方便，但它却可以装孩子（包括大人）在途中吃的健康小吃，满足家人对营养的需求。

> ☕ 预测空中状况 🍵
>
> 　　飞机上餐车经过的时候，人们都条件反射似地伸出手来接过吃的，与此类似，如果有人很友好地给孩子递过一些吃的或是喝的，孩子肯定也会接过来。这与他们饿不饿、渴不渴没有关系；同样的，这也与是否过了睡觉时间或是孩子今天吃得是否足够多没有关系。当然了，由于出门在外，又是别人送给孩子吃的东西，所以很多你可能刻意去遵守的营养禁区在这种情况下就被不知不觉地打破了。但我们也可以告诉你个好消息，不管在家里还是飞机上，要想让孩子改掉这个不健康的习惯也并不是很难。

飞机上的饮品服务

　　在家里，蹒跚学步的宝宝可能玩好几个小时也不喝水。可到了坐飞机的时候，你会发现孩子老是吵吵着自己口干舌燥，就算是在等待转机的一个小时甚至是等待机上餐车的那么一小会儿，也突然变得像是穿越撒哈拉大沙漠一样漫长。虽然这种极端的情况很少见，但我们还是需要额外提醒各位父母，孩子在飞机上有时候会喝大量的水。同时再教给大家一条高效的解决方法：在上飞机之前，就要和孩子约定好在机上喝水的几条原则。

　　• **选择饮品**　我们注意到，有些飞机上提供牛奶或纯净水等健康饮品，但另外一些航班根本就没有准备牛奶。虽然他们会提供各种果汁、水果饮料以及种类更为丰富的苏打汽水，但它们本质上都是孩子无法抵挡的含糖饮料。因此，我们建议你提前决定好哪些饮料是可以让孩子喝的，如果可以喝，喝多少。我们对饮品的建议是：如果有牛奶，教会孩子要低脂牛奶或是无脂牛奶；如果没有牛奶，那就直接要水。如果要喝果汁，一定不能不加节制地喝，而且喝的时候要尽量选择 100% 的纯果汁。

· **不让饮料洒出来** 飞机上的塑料杯虽然很好找，但要想孩子用这种杯子的时候一点儿都不漏，那可不太容易。有时候虽然孩子既没哭闹又没打翻托盘，可你还是得为这个漏水的杯子伤脑筋。这种杯子的边缘微微隆起，不论你喝水的技术多么高超，依然会漏出水来，而且这些杯子通常没有杯盖。结合这两点，我们建议家长在飞机上最好给孩子使用吸管杯。如果孩子已经过了用吸管杯的年纪，你不愿再给孩子用吸管杯，可以考虑自己（自己带更靠谱）带几个带盖或者带吸管的杯子，或者你也可以问问乘务人员（不一定会有）。虽然用吸管可能会让饮料洒出来（孩子在捧着杯子喝的时候可能会把杯子越拿越歪），但插上吸管以后，你可以把杯子放在托盘上，这样就会比让孩子捧在腿上安全得多。如果你现在就在飞机上，再教给你个好方法，在乘务员给孩子倒水的时候，你可以请他只倒半杯，等孩子喝够了，一定要把杯子收拾好（以免不小心洒了）。

☕ 飞机上的保湿 🍵

在飞机上的时候，不管是孩子还是家长自己都会一杯接着一杯地喝东西，这可能是因为飞机上太过干燥而引起的。而且我们可以确定，在飞机上嘴唇发干、皮肤干燥主要是因为飞机上的空气干燥，并不是体内缺水。据统计，飞机上的湿度低于20%，但这也不能作为喝含糖饮料的理由。我们给出的建议是：抹点儿唇膏，喝点儿水。

🍜 要不要在飞机上小便 🍵

　　家长要提前注意了：孩子在飞机上会发生许多问题，就算那些早就会用便盆了的孩子也不例外。许多家长会在飞机上给孩子喝饮料以防脱水。接下来我们分析几个会让孩子在飞机上尿裤子的因素，你可能就会重新考虑要不要给孩子喝饮料了。

　　•首先，孩子对形形色色的饮料是没有抵抗力的。

　　•其次，幼儿的膀胱只能容纳少量尿液（据估算，每长一岁膀胱能多容纳 1 盎司尿液），而且就算孩子刚有小便感，可他不到一会儿就会憋不住了。结合这两点，家长必须意识到：孩子越小，家长在得知他想小便的时候，就得尽快带他去厕所。

　　•含咖啡因的饮料会增加孩子小便的次数。家长一不留神，孩子可能就稀里糊涂地尿裤子了。

　　•飞机上总有许多意外情况发生：飞机可能会因为气流颠簸，还有时候洗手间门前排了长长的队，又或者正巧赶上起飞降落，不能随便走动，要是遇上这种情况，又恰巧孩子跟你说他憋不住了，那可真是欲哭无泪了。最后就只能让孩子在座位上小便了。

　　•如果孩子不想上厕所。不管孩子多大了也不管他脱下尿布多久了，如果你在为了饮料之后，为了以防万一，在他不想小便的时候突然带他去上厕所，他一般是尿不出来的。

喂母乳和喝奶粉

　　•**配方奶粉**　配方奶粉是其他食品无法取代的，而在飞机上又不能随时喝到。因此，我们建议家长准备配方奶粉的时候，起码要备上平时的 3 倍。而且在上飞机之前，你就得先想好如何将奶冷藏，计算好热奶的时间。因为对一个饥饿的宝宝来说，他连烫奶的时间都等不了。虽然海关不会限制婴儿食品的种类，也不会干涉你到底带了多少（只要你身边有个小婴儿就行），但出发前还是有必要查查婴儿食品携带规定，以免政策有变。

☕ 带奶粉上飞机的诀窍：加水就好 🍵

不要事先把奶粉兑水调好,然后放在瓶子里打包带上飞机。你可以先只在几个奶瓶里分别装入适量的奶粉,确保奶嘴和盖子密封良好以后,把奶瓶扔进行李箱里就行了。这样等上飞机之后,你只需要往奶瓶里加入温度适宜的水,然后摇匀就可以了。这种只装奶粉的方法让你在旅途中既不用担心冷藏加热,也不用担心喂完之后刷奶瓶的问题——毕竟现做这几样事情,对孩子的耐心会是极大的考验。另外,即使安检政策有所变动也对你不会有任何影响。:如果过安检的时候不允许带水,没关系,只要你过了安检,飞机上一般都有现成的瓶装水可以用——在航站楼或是飞机上都可以买得到。研究显示,洗手间水槽里的水易受污染,所以不要为了图省事儿急用洗手间里的水。

• **母乳喂养**　旅行中保证孩子饿不着,喂母乳自然是万全之策。但毕竟飞机座舱里的座椅宽度只有 17 英寸,在这么窄的座位上给孩子喂奶还是挺不舒服的(特别是还有一些妈妈会感到难为情)。如果你想提前把母乳吸出来装在奶瓶里,然后带上飞机,你还得把安检和奶的冷藏问题考虑在内。

• **封闭空间内喂奶**　在盥洗室内喂奶虽合情合理,却也是迫不得已,但会给其他乘客带来极大不便,而且也不卫生。所以我们不提倡这个方法。

求人不如求己

现在大部分飞机餐品质都一般,不管家人坐飞机时是否恰逢饭点,你能吃到的好点儿的饭菜也不过是一袋椒盐饼干。即使偶尔会有航班食物种类丰富,数量充足,那你也要另外付钱,因为"全包航班"的时代早已远去了。在得知原本 3 小时的航程可能会拖延至 10 小时时,你最不想看到的结果就是自己已经把所带的食物全都吃光了。有的孩子吃饭习惯多样搭配,有的孩子则想吃就

🍲 飞机上的育儿技巧 🥛

　　《带新生儿回家——从迎接新生儿到亲自护理》一书中曾经提到，飞机上照顾婴儿异常困难。如果孩子的座位靠窗，而你的座位在中间，紧邻过道的座位上又坐着一位陌生人，他还占用了扶手的大部分（这种情况绝不仅仅是臆测，而是真实存在），那你想以一个舒服的姿势给孩子喂奶似乎既简单又困难。对此，我们给你几点建议。

　　• **在一侧喂奶**　如果你所在的机舱空间不大，又或是感觉旁边的乘客离你太近，让你觉得不舒服，那你喂奶时就靠向内侧，等下飞机时在转过身来。

　　• **选好角度喂奶**　如果座位之间距离太近，那妈妈喂奶时就不能很好地保护隐私了。只要你稍稍侧一下身子就可以对着窗户喂奶，这样你也能尽量防止走光了。

　　• **有所遮挡**　不管你是为了遮羞，还是为了方便，都要注意有所遮挡。你可以穿一件方便喂奶的衬衫，比如可以外面穿一件宽松外套，里面穿系扣衬衫或哺乳服。

　　• **分层着装**　为防止旁边乘客起身时看到，你可以用一些实物遮挡一下，如外套、毯子、杂志、育儿背带等，或者喂奶时俯下身子。

吃，或有特殊饮食习惯，还有的孩子很挑食，而飞机上的饭菜数量有限，也不够丰富，孩子可能就会因此而大发脾气。如果你家孩子也是这样，那就要根据实际情况提前为他（或者自己）做好准备。倘若孩子太小，还没有饿了再吃的概念，也没有耐心吃饭，我们给你的建议就是你要自己掌握孩子的饮食时间，同时也要按如下要求"武装"自己。

　　• **婴儿食品**　如果平时喂孩子吃流质食物都困难的话，那在密闭的机舱里喂食就更难了。在开始吃辅食的几个月内，大部分孩子都需要频繁喂食，只要随身携带足够的食物，就算外出也必须要吃。孩子能够自己吃饭之后（9个月左右），他们往往会拿辅食和零食当饭吃。尽管如此，没开封的幼儿食品最好还是要装起来，一是因为这种罐装食品无须冷藏，二是因为这样你就不用带着这些开封的食品了。但你还是要查看一下最新的旅游规定，因为液体、凝胶以及其他质地松软的食品限量3盎司，幼儿食品也在其列。最后，不要忘了准备充足的围嘴、纸巾、衣物、尿布，便于清理残渣或垃圾。

•**零食** 你不需要面面俱到，但是准备几样小点心和小零食很可能会派上用场。要想携带起来安全、健康又方便，就不要考虑黏稠或冷冻食品，必要时还要提前将食物切片或切丁，分类装入食品袋中，这样就能开袋即食了。适宜携带的健康食品有麦圈、其他小块谷类食品、全麦饼干、椒盐饼干、葡萄干、带皮香蕉、葡萄以及其他切片水果和胡萝卜条（适用于较大的儿童）。

☕ 限量3盎司 🍵

将你要带的食物打包，以满足途中孩子所需（和所要）。这个办法不错，但是一旦携带量有了限制，那就困难了。尽管美国运输安全管理局（TSA）现在稍微放宽了限制，要求所有液体和（或）胶质物（不论是洗漱用品还是食品）最大携带量为3.4盎司，且要单独装入一夸脱大小的带封口塑料透明包装袋内，便于扫描安检，但是给孩子携带营养食品也是合情合理的。根据美国运输安全管理局最新规定，"药品、婴儿奶粉和食物、乳汁和果汁超过3.4盎司，也是允许的，且不需要装在封口袋里。"你需要做的就是主动接受安检，注意安检人员会要求你打开包装。因为这些规定经常变更（还可能在阐述上出现差异），我们强烈推荐你进入美国运输安全管理局网站（www.tsa.gov/travelers/airtravel/children）反复确认。尽管你已经有所了解，但是最好还是将这些规定打印出来贴在孩子的食物和饮品上面。

•**主餐**　你需要事先考虑一下自己在飞机上时是否恰逢吃饭时间，因为零食也只能暂缓孩子的饥饿。在做旅行计划及预订机票时，要保守估计在赶往机场和乘坐飞机期间，家人要吃几顿饭。有时候你会因赶到机场时太晚而来不及吃饭，或者因航班突然延误而需短暂停留，对此，我们建议你最好提前准备好一顿饭以备不时之需。此外，还要格外提防食物过敏（你身边的乘客或许也会过敏）。

☕ 🍴 **飞机上防止花生过敏** 🍵

如果你知道（或者怀疑）自己的孩子对花生过敏，而且又不想让这样的事故发生在飞机上，那提前做计划就显得至关重要。对花生过敏的人越来越多，几家航空公司都已经停止向乘客发放花生或坚果类包装食品作为零食了。我们强烈建议你合理挑选航空公司，保证自己的孩子能最大程度地防止花生过敏，因为有些航空公司仍在向乘客提供花生食品。有时，航班上可能会有花生"禁区"（例如，在花生过敏者所在区域三排之内，不提供花生食品），有的航班上会有乘客提前要求不要花生食品。因为飞机上的各种规定都是随时变更的，所以如果你对此类服务很在意，一定要提前咨询一下售票处。但是，没有哪家航空公司会向你保证无花生食品，因为乘客可能会自己把花生带上飞机，飞机上的食品里面也可能含有花生或花生油，又或者飞机上的厨房也曾经烹饪过花生制品。因此，你要直接亲自向航空公司咨询此类相关服务，自带安全的食物上飞机，同时也要随身携带急救药品，药品要求标签清楚，遵医嘱适量服用。

Part 6
与喂养有关的健康问题

　　在孩子们的饮食问题上，有一点毋庸置疑：所饮所食皆对孩子的健康状况至关重要。作为家长，各位肩负着为孩子丰富饮食、均衡营养的重任，因此，大家在不知不觉中将这项责任当成是每一天要应对的战争也是可以理解的。所以在给孩子喂饭时，一定要把目光放长远点儿，蔬菜、水果多得是，切不可为了一口西蓝花或是豌豆而使孩子抗拒所有蔬菜。从孩子的饮食上我们还能发现很多问题，家长们可不能把眼光局限在用餐时的瓶瓶罐罐、盘盘碗碗，要把眼界打开，从中发掘更多事关孩子未来的可控方面，比如孩子的身高、体重、体重指数 (BMI)，以及那些可能因为食物而产生的不适，如胀气、便秘或是食物过敏。不管现在各位将孩子养得是健康强壮还是体质虚弱，我们都希望各位家长能够在生活中按以下章节介绍的方法用心实践，让孩子能够健康饮食、安全成长。毕竟，这一切都是为了孩子能够健康成长！

Chapter 31
以生长曲线为指导

你是不是担心孩子变得太胖了？家里的亲戚们呢，他们是不是反而觉得孩子太瘦了？你会不会在吃上尽量满足孩子各种稀奇古怪的要求？你又是否觉得这些要求在孩子的成长过程中无伤大雅，没什么实质性的影响？我们一旦讨论起体重，言及饮食和营养，就很难坚持从客观的角度来看待这个问题。而且每天的喂养大战已经够让人筋疲力尽的了，各位家长就更没有精力在这上面多费心思了。对此，我们建议各位可以时常回顾一下孩子的成长历程，总结一下他们的习惯，细心回想孩子在饮食上的喜好，通过前后比较孩子的生长曲线图，引领孩子循着正确的轨迹成长，同时在解决问题的时候也会更有针对性。体重增长过多、过少或正好都受到了孩子饮食习惯的影响，因而通过追溯成长历程，家长们可以理性而全面地了解孩子是如何在你的养育下一点点成长起来的。

每个孩子都有自己的生长曲线

孩子吃多吃少与体形胖瘦并无太大关联，有些孩子天生骨骼大、身形壮实，也有些孩子不管吃多少也总是瘦瘦的、身量偏小。因而，若抛开体形不谈，健康的孩子成长大多都遵循一个可以预测的模式。从你踏入儿科医生诊室的第一天，你便尽管放心，医生会定期为你的孩子在专属于他的表格上做记录。每过一个阶段，孩子的身高、体重（以及3岁之前的头围）都会点在表里，连点成线，属于孩子自己的成长曲线就这样呈现在你面前。

🍵 生长曲线图的作用 🍩

美国疾病控制与预防中心（CDC）于1977年发布的儿童生长曲线图已经成为衡量孩子20岁以前生长发育情况的黄金准则。这些生长曲线图的绘制整合了近千名北美儿童的身高、体重以及头围指数，最近一次更新是在2000年。而为了能够更加准确地反映在母乳喂养条件下孩子的生长发育状况，世界卫生组织（WHO）又于2006年发布了专属于2岁以下婴幼儿的生长曲线图。

这些图表多用来形象地展示男孩和女孩各自特有的生长模式，但值得注意的是，它们并不能准确地反映所有孩子的成长轨迹，尤其是那些在跨种族跨文化婚姻中出生的孩子，以及生来便带有先天性疾病的孩子。唐氏综合征的患儿和早产儿就有专门针对他们的生长曲线图。

怎样解读生长曲线

生长曲线很容易理解，但若有人稍加解释，效果则会更好。这里我们想把几个实用的要点拿出来详细地说明一下，帮助各位家长分清这几条线各自的用处，更有效地了解每条线所反映的问题。

■ 重中之重：体重指数 (BMI)

体重作为一项身体指标，单拿出来看并没有什么实际价值，只有把体重和身高一起代入方程，算出体重指数(BMI)，才能得到真正有用的信息。BMI值是用体重（kg）除以身高（m）得到的数字。孩子满2岁以后都应该去测算体重指数。目前来看，BMI值能很好地反映出身体的胖瘦程度。拿一个2岁以上的孩子来说，通过测算他的BMI值，我们就能够判断这个孩子是偏胖、偏瘦，还是恰好介于这两者之间。以后要是再遇到"我没有超重，我只是不够高"这种经典的借口，把BMI值摆出来，准能让对方哑口无言。儿童的BMI值与成人不同，成人在成年之后随着年龄的增长，BMI 值趋于稳定。所以家长们要时刻记得，**对于孩子来说，理想的 BMI 值会根据年龄和性别有所变动，所以我们要看的是 BMI 百分位数曲线图**。BMI 值如果处于常态分布 85% 以上的属于偏胖，95% 以上的则属于肥胖。

☕ 怎样计算 BMI 🍵

BMI=（体重 / 身高^2）×703
体重单位为英镑，身高单位为英寸

举例来说，假设你有一个女儿，今年 5 岁，她体重 40 磅，身高 3 英尺 7 英寸（43 英寸）。40/43 = 0.93; 0.93/43 = 0.02; 最后再用 0.02×703 就能得出 BMI 值为 15.2。再通过对照下面的图表，可知她的 BMI 值在该年龄段的百分位数曲线图中居于50%。现在网上计算工具和智能手机中的应用程序也可以帮你算出孩子的 BMI 值。

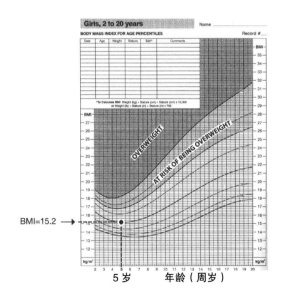

5 岁　　　年龄（周岁）

■ 远看生长曲线

想不想知道我们平时是怎样教家长们看这些生长曲线的？看生长曲线的距离至少要有一条手臂那么长。因为每个孩子总有那么几天或是几周特别喜欢吃饭，等过了这段时间又开始厌食挑食，反反复复；体重也是如此，经常上上下下，折腾个没完。面对这种情况，家长们要退后一大步，宏观地看待问题，千万别抓着一项指标不放，走上了歪路。

■ 不要一味追求"中等"

希望孩子身体健康是每个父母的天性，可若在生长曲线上一味的追求中等水平可就大错特错了。家长要关注的不是让孩子徘徊在50%的区间里，而是要让孩子按部就班、一步一个脚印地成长起来。

☕ 造成偏离的原因 ☕

在孩子的生长曲线上，很多原因可能会造成上面的一两点偏离正常的轨迹，大家不必过于担心，其中包括：

• **不同的体重秤** 在计量身高和体重时，如果用了不同的体重秤，得出的BMI值势必会大相径庭。

• **称重的时间点不统一** 孩子称体重的时间点很重要，像是孩子在上厕所的前后，体重就会有些细微的差别。这些在我们看来细微的差别放在婴儿身上就会相当明显，因为如果宝宝出生时体重较轻，这点差别就会被放得更大。

• **额外的增重** 医生的办公室里会有些冷，但家长们还是应该把孩子的衣服、鞋子和尿布都给脱了，这些东西看起来不起眼，可若称起来，还是会影响称重结果。

• **生病** 孩子在生病的时候，常常会没有胃口，因而疾病很容易引起体重下降。不过好在等孩子痊愈后，胃口大开，掉下来的体重轻轻松松就能够补回来。

• **乱动** 除了在体重上出错，量身高时，要是孩子不配合，躺不直，站不正，那么测量结果也会受到影响。

■ BMI 值过大不是好事

生长曲线对各位家长还有一种另类的诱惑，大家似乎会觉得孩子的 BMI 越是处于上游区段，就代表孩子养得越好；反之若处于下游区段，那就是没把孩子养好。可除非孩子的体重和身高相称，不然 BMI 值过大可不是什么好事。各位家长，BMI 值既不是什么考试分数也不是什么比赛成绩，孩子在生长曲线上的每一点进步不是为了去争个输赢，就算你拿了第一，也没人给你奖品，所以各位要对 BMI 值保持理性的认识。

■ 变化过大应谨慎

一定要注意生长曲线上的交叉点。如果孩子的生长曲线出现明显的上行或是下行，甚至与邻近的一两条线相交，一定要引起重视。如果没有其他症状，可以先带着孩子去医生那里多测几次体重，看看这种趋势是不是还继续下去。若有必要，就仔细查找一下造成这种变化的原因。

生长阶段的改变

育儿之路，前途漫漫。对于一些可以预见的转折，家长们要做好准备，免得突然有一天，孩子的饮食习惯变了，生长曲线也不按以前的趋势走了，而你却只能在一旁焦头烂额、束手无策。

• **第 1 年：一路向上**　出生第 1 年，婴儿会长得很快，这种生长速度在以后的岁月里不会再出现。他们在 4 个月的时候，体重就能够达到刚出生时的两倍；等到过 1 岁生日时，能达到 3 倍。当然，对刚刚出生的孩子，要想达到这样的生长速度，一定要有一个好胃口，生长曲线也要一路向上，势如破竹。那些生下来体格偏小的宝宝也会努力迎头赶上，比起刚出生时，他们的生长曲线会提升得更高。

• **9~15 个月：放慢速度**　9~15 个月的时候，对于正刚蹒跚学步的宝宝（尤其是那些出生以来一直进食母乳的孩子）来说，在这个时间放慢生长速度是正常的情况。孩子在刚出生的一年里对营养的需求量极大，所以父母们在开始的几个月会努力满足孩子，可如果没有提前去了解生长曲线，不知道在这个阶段，孩子的胃口会减小，体重增量也会比预期低，那么各位肯定会猝不及防、不知所措。

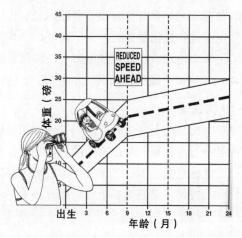

🍲 食物不是唯一的影响因素 🥛

　　孩子体重增重过多或是过少，罪魁祸首是不良的饮食习惯。尽管如此，大家也要记住，在造成生长曲线相交的潜在因素中，食物的摄入量或者说食物摄入的减少并不是唯一的一种。如果生长曲线偏得太厉害了，要想心安一点就去找你的儿科医生，医生会帮助你查明是否还有其他造成偏离的原因。

　　•**1岁以后：保持匀速，按部就班**　到了1岁多的时候，孩子的生长曲线已初具雏形，各位家长也能根据这时候曲线的走向来判断孩子接下来几年的成长趋势。在这个阶段，孩子的成长速度虽然放缓，但依然稳步向前。当然，生长曲线依然会因为偶尔的挑食、生病或是误测而略有不同。

　　•**2岁以后：放宽眼界**　孩子2岁以后就要重新描画成长曲线了，这条新的曲线将与之前的那一条紧密的衔接起来，继续记录孩子2~20岁的成长轨迹。这时的孩子就要开始拔高了，他们的

☕ 测量方法 ☕

简单快速的测量方法包括：

• 在几个特定的时间点，可以将宝宝出生时的体重乘以 2 倍、3 倍和 4 倍。

重量（相对于出生体重）	年龄
2 倍	4 ~ 6 个月
3 倍	1 年
4 倍	2 年

• 2 岁以上的孩子每年约增重 5 磅。

• 将孩子 2 岁时的身高乘以 2 也可以大约估算出孩子成年后的身高。

身高已经是刚出生时的 4 倍，用 BMI 值来也能相对准确地判断出孩子是偏瘦还是偏胖。

• **3 岁以后：接受现状**　3 岁的孩子马上就要上托儿所了，如果这个时候你觉得自己的孩子因为挑食太瘦了，也不必太过担心，只不过往后几年孩子的生长速度相对来说会慢一些。要是想确认一下，你可以拿自己孩子的生长曲线和反映这个年龄段孩子生长的常态曲线来做一下对照。

关注家长自身的生长曲线

超重的父母往往有超重的孩子，这可不是什么巧合。要想有个好的开头，就先把你自己的体重控制在健康的范围内。学习到现在，各位家长应该已经认清了孩子所处的位置，明确了孩子的成长方向，但现在，我们还是希望各位先停下来，好好反思一下各位自己的生长曲线。各位要想在孩子面前树立好的榜样，可以从计算自己的 BMI 值开始。大家要记住，我们的 BMI 值不是一成不变的，如果你对自己的不满意，那就调整一下饮食习惯，适当的做点运动，你和孩子一定会从中受益！

Chapter 32
复合维生素吃还是不吃

你会盯着孩子碗里还没被动过的菜，急得像热锅上的蚂蚁吗？你是不是也很想知道为什么孩子总是不先吃这道菜？你是不是特别想买一本能帮你应对喂养大战的好书，让你能够按照上边既营养有安全的搭配来给给孩子做饭？这样想的可不只你一个人。据统计，半数以上的学龄前儿童都吃过复合维生素片。我们敢肯定，相比于定时吃花椰菜的孩子来说，还是吃维生素片的孩子多一些。这么说也是有理由的。要是孩子就是不吃你做的饭，你可以拿过一瓶复合维生素，倒出一粒喂孩子吃下去，这样一来，难题迎刃而解，战争立马结束，所以还是这样更简单一些。但在现实生活中，很多父母这么做并不是出于喂养大战本身，相反，从父母的角度来看，大家这么做是因为担心在饭菜中不能为孩子提供均衡的营养。虽然我们都能够理解这种情绪，但这也向我们提出了一个基本的问题：复合维生素片到底应该在孩子的饮食里担当什么样的角色，你和孩子究竟能不能从中收获更多益处？

"复合维生素"到底是什么

"复合维生素"这个名字其实有一点欺骗性，因为大多数复合维生素片里不仅含有 13 种必需维生素，还含有铁和锌等膳食矿物质。

什么人需要吃复合维生素

对复合维生素，我们的观点和大多数营养专家一致：大多数孩子并不需要补充维生素！当然，我们也知道找一个爱吃蔬菜、给他吃啥他就吃啥的孩子简直难于登天。但我们把喂养大战的各种导火索总结了一下，发现其实没几样能真的让孩子营养不良。你要是不信，以下几个方面说不定能让你豁然开朗：

• 如果孩子要从饭菜里摄取足够的维生素，那他们要吃的饭量肯定比你想象得要少。

• 就算是最最挑食的孩子，就算只是从每天的基础食物里挑几筷子，他每天需要补充的维生素量也能得到满足。

• 而且许多维生素是可以存储在体内的，这就意味着孩子根本就不用每天把各种维生素都吃个遍。这样一来，大家就可以以一两周为周期，合理制订食谱，保证孩子均衡饮食，而不用担心在这一周期内维生素摄入过少。

• 喂孩子吃维生素片的恰恰是那些把健康饮食放在首位的父母们。

• 还有一点，现在的食物很多都是"升级版"的。为什么这么说呢？因为即使孩子喜欢吃的那些食物本身并不含有所有必需的营养成分，你也用不着杞人忧天。我们还有食品加工商呢，他们很有可能已经把这些营养成分加进食物里了。像什么维生素 D 强化牛奶啊，人造奶油啊，布丁啊，这些都是很常见的"升级版"零食。连孩子们大爱的橘子汁、米糊、面包甚至威化饼干里还含有维生素。

必须补充维生素的情况

以下几种情况还是一致认为应该给孩子补充维生素，其中包括：

• **维生素 D** 那些主要喝母乳的宝宝们最好在出生后就开始

补充维生素 D，因为母乳里维生素 D 的含量不高，要是不额外补充，这些孩子很可能会缺乏维生素 D。而且最新研究显示，适当补充维生素 D，不只是母乳喂养的宝宝能从中受益，对大多数人来说都是有好处的。因为维生素 D 对骨质的形成有重要作用；缺乏维生素 D 可能会得佝偻病。维生素 D 还对维护全身健康发挥着很重要的作用。同时研究也显示，现在的孩子喝的奶太少了，吃的富含维生素 D 的食物也不多，远远达不到身体所需要的量。因此，除了少数一些孩子每天喝入的配方奶粉或是维生素 D 强化牛奶能够满足身体所需，我们还是建议各位家长要保证自己的孩子每天摄入维生素 D。

•**铁**　宝宝体内的铁含量会在 9 ~ 12 个月的时候降至最低点，但铁可以从食物中获取，喂宝宝吃配方奶粉、肉类或是婴儿米糊就可以摄入足量的铁。但母乳喂养的婴儿应该在 6 个月以后，等他们食量增加的时候再考虑补铁。美国儿科学会在 2010 年发布的临床报告中建议家长可以在孩子 1 岁以后定时检查孩子体内的含铁量，如有需要可以适当补铁。

•**氟化物**　6 个月以上的宝宝或是饮用水中不含氟化物的孩子可以补充氟化物。预混合配方奶粉和母乳中都不含有氟化物。

•**素食**　家长们在给孩子吃素食之前要好好想想，怎样才能让饭菜里富含所有必需维生素和矿物质，因为维生素 B_{12}、维生素 D、铁和锌等营养物质在蔬菜中的含量很少，但在一些动物肉制品中的含量却很高。孩子的饭菜里如果没有肉的话很容易导致缺铁性贫血。

🥣 **放在脸颊两侧** 🍵

家长们在给孩子喂维生素片以及滴剂的时候，可以把药片放在孩子的牙齿和脸颊之间，千万别放在舌头上。这个方法很实用，能最大程度地避免你被孩子喷一脸药水或是药片。

复合维生素能给家长带来什么益处

现在很多专家和研究报告都建议大家不必再去购买那些复合维生素片，这也让我们的讨论由此转向另外一方面——为什么全美国的家庭依旧把维生素片当作食物的替代品。根据我们的了解，家长们爱给孩子喂维生素片不仅仅是因为对孩子有好处（有些维生素片吃起来就跟糖一样），家长们在喂维生素的时候其实也尝到了甜头。让我们来总结一下家长们在喂维生素片的时候无形之中为自己争取到了哪些"利益"。

•**时间**　孩子还小的时候，吃饭时总会挑挑拣拣，家长们也猜不着孩子究竟想吃什么，来来回回折腾一番，吃饭所花的时间远比想象的要多得多，很多父母都会遇到这样的问题，大家对此也都常感沮丧。这时候一个折中一点的办法就是借助维生素片来补充孩子饮食中可能缺乏的营养成分。这样省下来的时间，家长们就可以去好好解决一下另外一些在饮食上遇到的麻烦。

•**高枕无忧**　复合维生素片给家长们在心理上带来了意外的平和。每天晚上睡觉前，在脑子里画起营养金字塔（或是营养分布图）的时候，想到孩子今天已经获取了最基本的营养，大家应该也会睡的更香吧。而且这样一来，大家也不用一到吃饭的点儿就紧张兮兮，如临大敌，而且维生素片也让吃饭都变得更加有趣。摒除压力和愉悦用餐——让孩子好好吃饭的两大法宝。

•**借口**　用维生素片换来时间和安心绝对是合算的，也没什么需要羞愧的，但要是一味地拿维生素当挡箭牌，在事关孩子一辈子的健康问题上偷懒，不去从根本上纠正孩子的饮食习惯，那么恕我直言，你这个家长当得可实在是不称职啊。诚然，维生素片既能把你从喂养大战中解放出来，还能给孩子补充营养；孩子不喜欢吃啥，维生素片就能冲上去补啥，俨然一个无害的饮食应急创可贴。可家长们一定要记得，维生素这类营养成分在食物中的才能被更好地吸收，要是孩子不好好吃饭，吃维生素可不是长久之计。

不要让孩子以为维生素是糖果

我们该说的也说了，该做的也做了，但我们也知道家长们还是会接着给孩子喂维生素片的。对这些家长，我们还有最后一点想法要和大家分享。根据美国食品和药物监督管理局的专业认定，维生素片被划分为食物一类。尽管如此，为了安全起见，家长们最好还是让孩子们相信维生素片是药，因为大剂量的摄入维生素（尤其是维生素 A 和维生素 D）对身体是有害的。现在的维生素片有各种口味、各种形状的，可以说是千奇百怪、花样繁多——拿维生素软糖来说，有小熊软糖，还有其他卡通形象的软糖，这样一来孩子们就更喜欢吃了，甚至还有些孩子会吃上瘾。因此家长们最好早早地跟孩子说清楚，让孩子把维生素当成药一样慎重地来看待。还有，一定要把维生素（和其他药品）放在孩子够不着、找不到的地方。最好放在一些孩子打不开的容器里，并且每天都要检查一遍，确保孩子没有偷偷动过。最后一点，不管你怎么喂孩子吃维生素片，一定不能当着孩子的面叫它们糖果。

Chapter 33
生病的孩子怎么吃

发烧宜吃、感冒宜饿吗

无论是"发烧宜吃、感冒宜饿"还是反过来说"感冒宜吃、发烧宜饿"，这些从 14 世纪中期流传至今的"妙招"，其实一点儿根据都没有。让一个发烧或感冒的孩子吃饭？说起来容易做起来难；不让发烧或感冒的孩子吃饭？家长们根本就没得选。与其说是一种选择，倒不如说这是大家不得不面对的现实。只要是感冒了，不管孩子有没有呕吐、腹泻、鼻塞或咳嗽的症状，他们一般都没胃口吃饭。这时候给孩子喂饭可就是一场攻坚战了。在这场战争中，你要转变营养目标，启动备案，才有胜利的希望。

生病的时候不想吃饭很正常。大家可以想一想，要是一个人身体不舒服，他肯定不想去吃一顿正儿八经、要上 5 道菜的西餐。你可以再想一想你之前生病时的情形。那时候你还想吃饭吗？你不想吃哪一顿呢？是早饭、中饭还是晚饭？对此你可能并没有想太多，因为多数人一生病就不爱吃饭。可到了孩子生病的时候，家长们却总是犯同样的错误——大家老是关心孩子生病时吃了多少，却忘了要根据孩子的病情来调整饭量。孩子一生病，家长只看到孩子不想吃饭，只关心孩子吃了多少饭，根本没关注到点儿上。有些孩子可能是个馋嘴猫，因为生病忽然没了胃口；还有些孩子可能是挑食大王，不生病时吃得就不多，生病时更是一滴不进。不管你的孩子是哪一种情况，我们教大家一些妙招。要是孩子本来就很健康，只是因为突然的小毛病而没了食欲，那你就更不必过分忧心了。

🍵 **孩子的胃口哪去了** 🥛

• **病前 1 ~ 2 天** 一点儿也吃不进去。在发烧、呕吐或是腹泻冒出苗头之前，孩子一般会莫名其妙地没了胃口，徒留家长在一旁抓耳挠腮，想破了脑袋也不知道孩子到底怎么了。

• **病中 1 ~ 3 天** 病来如山倒。这时候的孩子依然胃口全无，但随着其他症状逐渐显现出来，家长们开始心中有数，知道孩子到底是怎么了。一般病症最开始的症状是发烧或是呕吐，这时孩子一点儿饭都吃不下去。

• **病中 2 ~ 14 天** 病去如抽丝。一般感冒都会持续两个周左右，在这段时间里，各位父母会觉得度日如年，相当煎熬。可等孩子病好了，大家提心吊胆的日子依旧没个尽头，在往后很长一段时间里，孩子在吃饭的时候还是会恹恹的，提不起兴致来。等你把家里的药和擦鼻涕纸收拾回去，离上次孩子咳嗽或是打喷嚏过去了很长时间以后，再等上一周左右，孩子的胃口差不多就恢复了。

• 🍴 **多给孩子喂水** 如果孩子得的是普通的常见病，不必过于关心吃什么，但一定要记得让孩子喝够水。大家一定多加留意，千万别让孩子脱水。发烧、呕吐、腹泻这类疾病都伴随着体内水分的大量流失，严重时会最先造成脱水，让情况更加危急。就算孩子不喝你也得想方设法让孩子喝，多开动开动脑筋。有些方法你可能嗤之以鼻，但为了让孩子喝水，试一下也未尝不可。孩子生病的时候情绪低落，所以可以稍稍纵容一下，多给他喂几次水，每次可以少喝一点儿，少量多次；可以让他用吸管来喝，还可以给他支冰棍，或是来一个果冻；不想吃饭可以喝点儿奶昔。最好多用勺子喂点儿含水量高的食物，以此来提高孩子体内的含水量。还要记得确认孩子的尿布，看看每天能尿湿几块，排尿有没有规律，尿液还是不是正常的清色或淡黄色。

• **记住，卡路里很重要** 如果孩子一连好几天都没吃什么实质性的食物，一定会更加无力，像是被疾病缠住了手脚，整个人都蔫蔫的。虽然孩子什么都不想吃，什么都不想喝，但家长不能就这么放任下去，你们要抓好时机，看准了就多往孩子嘴里送几口，而且这个时候喂的一定要是高卡路里的东西。

🍵 牛奶可补充体力 🍵

其实家长之间流传着一条谣言，就是孩子生病的时候不能给他喝牛奶。至于原因，可能就是牛奶会刺激唾液分泌，让唾液更加厚重，从而加剧呕吐。但最近一项研究显示，感冒的孩子里因为喝牛奶而出现不适症状的还不到20％，而且多亏了牛奶，孩子在生病时才能够得以补充能量和其他营养成分。

• **不要硬给孩子喂饭**　发烧的孩子这也不吃、那也不喝，要是碰到烫的东西，他还可能直接给吐出来。这时候，你要是能想尽办法，给孩子准备点凉凉的流质食品（他喜欢的食物也可以），孩子说不定就会高抬贵手，坐下来好好地吃上几口。

• **体重的下降**　孩子生病的时候丧失的可不只有胃口。那些生病时不喜欢吃饭孩子通常体重也会有所下降，但这种下降多数是因为体内失水造成的。孩子生病的时候，有个能跟踪孩子病情的儿科医生再好不过了，这样孩子的体重和饮食情况也能够得到时刻的关注。不过你也可以放心，对那些身体健康的孩子来说，病好了以后，他们的体重很快就能恢复回去。

影响孩子饮食的症状

孩子生病时，有一些具体的症状会影响孩子平时的饮食习惯。这里我们来详细谈谈几种常见的症状，给大家一点儿建议，让大家在遇到时知道怎么处理。如果你自己采取的措施并不奏效，或是你发觉孩子的病情加重了，那么赶快放下书，要么给你的儿科医生打电话，要么直接带孩子去看医生。

🍲 经典的病时营养餐：鸡肉面条汤 🍵

为了让你们舒心，这里就告诉大家一个好消息：很多传统经典的病号饭不仅对孩子好，更能挽救你于水火之中。科学家们检测了这道代代相传的烹饪良方之后，发现鸡肉面条汤的的确在减轻炎症、消除水肿方面大有作为。想不想知道现代罐装的鸡肉面条汤在功效上能否媲美祖母亲自煮出来的鸡肉面条汤？内布拉斯加大学的研究人员表示两者的差别不大，不管是罐装的速食食品，还是一步步熬出来的鲜汤，在对付感冒的时候都有奇效。

■ 鼻涕：得把它擤出去

乍一看来，在孩子这么多年生过的病中，流鼻涕是最不值得一提的一种症状。但是再仔细想想，鼻涕其实最能干扰孩子饮食习惯的养成，因为鼻涕总是流个不停，而且有时候还会造成鼻塞，影响呼吸。一旦鼻子塞住了，很少有人还会想着往嘴里塞东西吃。宝宝就更是如此了，他们的鼻孔本来比成人的就窄，要是鼻子再因为感冒塞住了，那就更是吃也吃不下、喝也喝不了。而且我们的鼻腔与咽喉的后部是相连的，这不仅没什么帮助，反而是个大麻烦：一旦鼻腔里塞满了鼻涕，那么咽喉甚至胃里肯定也会有很多鼻涕。这可不是跟大家说笑，鼻涕多了，孩子不仅没胃口吃饭，还可能会恶心呕吐，招来更大的麻烦。

所以，为了能让鼻塞的孩子起码少吃或是少喝一点儿，我们再教大家几招。

• **等待** 孩子睡醒以后别着急给吃的或是喝的，要是孩子是躺着睡的，那刚醒过来后，鼻腔里的鼻涕会很多，是最堵的时候。所以先让这些鼻涕自行疏散一下，再给孩子喂点儿东西。

• **抬高上半身** 不管孩子是睡觉还是醒着，都得让头部略高于身体，这样才能让鼻涕流动起来，保持气管的通畅。要是小婴儿的话，睡觉时可以把他的头抬高，或是让他睡在倾斜的椅子上；

要是他们醒着，那就时刻抱着，保持直立的姿态。

•**保持空气湿润** 家长们还可以在孩子够不着的地方安一个冷雾喷雾器或是空气加湿器，让湿气帮助孩子湿润鼻腔，这样擤起鼻涕来也更容易一些。要是孩子年纪够大，可以带着孩子去蒸汽浴室里坐一会儿，或是洗个热水澡，效果也很不错。

•**使用吸鼻器** 作为孩子的家长，在帮孩子擤鼻涕的时候，用不用鼻吸球，滴不滴生理盐水滴鼻剂是你的自由，要你自己决定，但要提醒大家一句，这些工具虽然好用，但用起来会很不舒服，可能你还没用几下，孩子就哭着闹着逼着你拿开了。

☕ **鼻涕里程碑：堵在那里出不来** 🍵

　　孩子至少得到两三岁的时候才知道怎么擤鼻涕。孩子越小，就越不可能知道怎么擤鼻涕，怎么才能呼吸到新鲜的空气，这时候你要是再对着他的鼻子一通捣鼓，你本意再好他也不知道，他可能还会朝你发火，觉得你在侮辱他的鼻子还有他的自尊。

■ **呕吐：让食物好好地待在胃里**

呕吐是可不是闹着玩啊。等孩子真吐了的时候，就更别提了。孩子一吐，肯定吐得你满手都是（有时候还会满腿都是），而且孩子也会吐得很难受。遇到孩子生病呕吐，要想让孩子好不容易吃下的饭待在肚子里，这可真是一个不小的挑战，但我们有一些小技巧可以教给大家。

•**喂饭时要慢而稳** 大家可以按照这个思路好好想想：在生病期间，孩子的胃可能会很敏感，稍微吃点喝点，里边就翻天覆地，那么这时候，家长们要做的就是一点一点的、"悄悄地"往胃里送东西，要让胃掀不起波澜来。要想做到这一点，关键是少量多次。举个例子吧，你可以每隔 5 ~ 10 分钟就用茶匙喂一两次。要是孩子太渴了，受不了喝得这么慢，那各位家长就得动动脑子了。你可以先试着给她一支冰棍或一个果冻，再不行就让他用勺舀着喝。不管用什么办法，得先把孩子安抚下来，再一点一点慢慢地喂他。

• 吐后别急着喂食物 孩子们吐了以后，家长们最最自然地反应就是赶快把刚才吐出来的东西给补回去。但现实的情况是，刚刚折腾完了的胃，逮着个小毛病就会再来折腾一番。所以家长们还要在等上一会儿（至少要等半个小时以后），等胃里平静下来了，再哄着孩子稍微吃点儿东西。

• 不要喂红色的食物 出于实用性以及对地毯的保护，在孩子呕吐得厉害时建议大家别给孩子喂红色的食物或是饮料。万一溅到地毯或是其他家装上，不好擦也不好洗，而且到时候慌慌张张的，还有可能会误以为孩子吐血。

■ **腹泻：肚子就跟坐高铁似的**

碰到孩子腹泻时，之前一些喂孩子的方法也够用了。这里再介绍几种专门针对腹泻的方法。

• 不必限制进食 只有帮腹泻的孩子把肠道问题给解决了，他们的胃口才能被唤回来。而且在腹泻彻底痊愈之前，肠胃还是挺敏感的，这时候不管孩子吃什么喝什么，肠胃都会迅速作出反应，让孩子接着拉肚子。但其实家长们没必要太担心，这一般都是暂时的，不用因此限制孩子的吃喝。大多数孩子就算在肠胃不舒服的时候喝牛奶也没有大问题。但凡事总有特殊，如果孩子喝了牛奶后腹泻反而严重了，那这几天最好还是别让孩子喝了。

• 预见最终结果 孩子腹泻时，食物在消化道里移动的速度会比平时要快，但家长们对此不必感到惊慌。在这样的情况下，孩子刚刚吃下去的食物可能还没来得及进行处理消化就被排出了体外。

• 把食物当帮手 谈到腹泻，有一类食物得拿出来说一下，

☕ 补充流失的营养 🍵

　　腹泻不仅会影响孩子的胃口，更会让孩子体内的一些矿物元素流失。不过好在现在有很多特制饮料，家长们可以借助这些饮料来给孩子补充在腹泻过程中流失的水和盐分。这些替代饮品（例如电解质营养剂）对一般甚至是严重腹泻都有奇效。更妙的是，这种饮料不仅是瓶装的，更能放进冰箱里保存。而且不管在哪家超市或是药房，你都能买到各种口味的。此外还有专门针对小儿腹泻所制作的电解质饮料，给呕吐的孩子喝这种饮料也没有害处，但要是孩子的情况比较严重，需要多喝几天，你最好还是先问问医生。而像佳得乐这样的运动饮料，虽然对腹泻有效，但含糖量极高，不像小儿电解质饮料是专门用来补充盐分的。现在还有些医生比较推崇佳得乐的低糖款（含蔗糖等甜味剂），但给孩子喝之前最好还是跟医生确认一下。

这类食物对治疗腹泻很有帮助，能在胃里发酵涨大，从而将消化延缓下来。这类食物中最有名的组合就是 BRAT 饮食法，包括香蕉、米饭、苹果（或苹果醋）和吐司（有时也可以用茶代替）。这几样食物孩子吃了没有害处，但比起常规饮食，BRAT 饮食法所含的卡路里和蛋白质要偏低一些。正是出于这个原因，我们并不推荐把 BRAT 饮食法当作治疗腹泻的主要方法。可平时你给孩子准备饭菜的时候，如果既想保证含水量，又要避开高脂高糖，BRAT 可就是你不二的选择了。这么一看，不管孩子是生病还是健康，BRAT 饮食法都能给父母在饮食上提供一些灵感。再回到腹泻上来，如果你还想再减慢一下孩子的消化速度，那么那些粗纤维食品，还有水果、果汁之类的都要绝对禁止，这类食物在促进消化上可算是天赋异禀了。

☕ 不要给孩子喝茶 🍵

美国食品药品监督管理局（FDA）一项最新的研究显示，现在很多妈妈给孩子喝茶，因为茶不仅能减少孩子的哭闹，更能促进消化、缓解肠绞痛（当然也是顺便为自己争取一点儿安静的时间）。研究称，在 1 岁以下的孩子中，有近 10% 都喝过茶，吃过膳食植物补充剂。其实对这个数字也没什么好惊讶的，大家想想看，现在针对婴儿制作的茶和植物补充剂还真是不少。撇开广告不谈，FDA 至今还没有对这些产品的治疗和预防效果做过评估。所以，茶还是家长自己享受吧。FDA 的研究报告启示我们，孩子还小，现在就和我们面对面饮茶还为时尚早。

Chapter 34
过敏和食物不耐受

　　花生、坚果、鸡蛋、牛奶、豆制品……平时大家给孩子做饭的时候，可以读一读食品包装袋上的原料或是营养成分。现在晚间新闻上经常会报道孩子因为吃这样那样的东西而过敏，让人觉得食物过敏好像很普遍，而且比我们那个年代要多得多。现在食物过敏的发生率确实比以前高，美国约有 1200 万人受到食物过敏的困扰。在食物过敏的儿童中，每 10 个中就有 4 个曾出现过严重的过敏反应，另外还有接近 1/3 的孩子会对多种食物过敏。尽管如此，有一点一定要告诉大家：很多人（约有 25%）都觉得自己对食物过敏，但事实上，只有 2% 的成年人和 5%~8% 的孩子才是真正的食物过敏者。我们暂且不费口舌去澄清那些谣言，先来介绍一下有关食物过敏的知识，告诉大家怎样预防食物过敏，免得到时候一遇上，大家就大惊小怪，不知道怎么做才好。

是过敏还是食物不耐受

　　关于过敏和不耐受两者之间的区别，我们不准备详细讲，各位家长只要知道过敏反应需要免疫系统的参与，而不耐受则不需要就足够了。一旦免疫系统的防御机制开始发挥效力，哪怕是一小点儿食物都能引发身体巨大的反应，有时候甚至可能会危及生命。

有时候人们在谈论食物过敏的症状时,可能会略有混淆,因为有些反应既有可能是过敏,也有可能只是不耐受。这里给大家举一些常见的例子,来帮助大家能在混淆的时候分清到底是过敏还是不耐受。

·**肠胃反应** 如果吃了什么过敏食物,很可能会出现恶心、胃痛、吐痰、呕吐、腹泻和血便等肠胃不适的情况。

·**皮疹** 食物过敏的另一种常见反应就是起皮疹。这时候皮疹一般集中在嘴巴附近。如果起的是荨麻疹,而且全身都是,那一般就是过敏了。要是情况严重,皮疹可能恶化为湿疹。

·**其他严重症状** 如果出现呼吸困难、吞咽困难、哮喘或是局部肿胀(一般为眼睛、嘴唇、舌头、面部或是喉咙),需要立即就医,这些是只有过敏才有的反应。

🍴 肾上腺素 🍺

肾上腺素是对抗严重过敏反应的特效药。为了应对紧急的过敏情况,研究人员推出了注射肾上腺素的简易装置,称为肾上腺素自动注射器(英文名称 EpiPen,TwinJect)。一项调查显示,在确定对花生过敏的孩子中,仅有1/3的家长会携带以及使用这种救命药。鉴于这一点,我们强烈建议,要是你的孩子对哪种食物的过敏反应特别严重,一定要和孩子的医生好好交流一下,至少要学会使用其中一种注射器。不但你要学,必要的时候,还要让其他可能看孩子的人学一学,填充、保存和注射等相关方面都要涉及。那些反应严重的,要想防患于未然,保证万无一失,一定要保证孩子出门时随身携带一支。

进餐里程碑：提前规避过敏原

在给孩子制订全面的营养计划时，要让其具备一定的防御性，这样能在很大程度上降低孩子过敏的风险。虽然食物过敏和食物不耐受的发生不分年龄，但大多数都会在孩子 1 岁左右的时候现出原形。平常在喂养婴幼儿时，我们采用的一些方法虽然简单，但却是基于能够预防过敏的基本原则，这样我们才有可能避开过敏原，把过敏扼杀在摇篮里。下面我们将针对每个阶段的孩子来教大家一些最常规的方法。

•**出生前** 有研究表明，婴儿在出生之前，虽然还没尝过味道，但已经有了口味上的偏好。可为了降低孩子过敏的风险，限制孕妇在孕期时的饮食就实在是无凭无据了。再说，有些高致敏性食物（如海鲜和奶制品）的营养成分相当丰富，不管是对孕妇还是胎儿都大有益处，所以没必要一点儿也不让孕妇吃。但尽管如此，对那些有家族过敏史的孕妇，专家们还是慎之又慎，建议她们不要吃过多的高致敏食物。

🍵 家族遗传 ☕

要是家族有食物过敏史，那你至少有一名家人肯定会对某种食物过敏。如果是这样，给孩子做饭的时候就得提高警惕了，因为过敏一般都是家族性的。虽然猜不出孩子可能会对什么过敏，但要是孩子的父母双方都过敏，孩子的过敏率高达 75%。如果父母只有一方过敏，那孩子的过敏率就可以降至 35%。这与那些没有家族过敏史的孩子形成了鲜明的对比，但没有过敏家族史的孩子也不能完全摆脱过敏的阴影，还是有 15% 的可能会中招。

那些母乳喂养的孩子就更是充满了未知性。至于那些用母乳进行喂养的妈妈，到底需不需要调整她们的饮食，人们还没争论出个结果。可许多儿科医生在临床上发现，此举可能会极大地影响孩子以后在食物上的偏好。这些妈妈们可以对自己的饮食进行反复试验，以此找出可能会让孩子产生不适的食物，但你也千万不要因为孩子的挑剔把自己逼得太紧。

• **出生后 4 个月内**　孩子出生以后，首先享受到的就是一场奶的盛宴。在头几个月里，他们要么喝母乳，要么喝配方奶粉。这样可能的食物过敏和不耐受就被限定在了牛奶过敏、大豆过敏以及牛奶大豆蛋白不耐受（milk–soy protein intolerance，简称 MSPI）上。据统计，约有 5% 的婴儿会出现牛奶大豆蛋白不耐受。如果你的宝宝有出现 MSPI 的迹象，比如胀气、腹痛、呕吐、腹泻、体重增量过低或是血便，一定要让儿科医生看看，检查一下孩子的大便，来帮你做个判断。现在有一大半的婴儿都不能很好地消化牛奶蛋白（一般的婴儿配方奶粉里都有）和大豆蛋白，所以要想解决 MSPI，大家可以遵照儿科医生的推荐，给孩子喝低过敏原婴儿配方奶粉。

• **4~6 个月**　孩子在 4 ~ 6 个月的时候就可以给他们喂些辅食了。这个时候喂正正好，不仅喂的时候容易，更能从现在开始规避往后可能会发生的过敏。要是你的孩子除了母乳什么都不吃，那最晚要在 6 个月的时候开始喂辅食。各位要记住，在头一次准备辅食的时候，一定要单一食材制作的辅食。儿科医生还建议大家在第一次给孩子喂辅食的时候，可以在手边上备一些苯海拉明（diphenhydramine，又名苯那君，Benadryl），以防孩子突然出现过敏反应。

🥣🍴 一次试验一种食物 ☕

有些专家建议，每次给孩子尝试新的食物时，要隔个一两天，也有些人提出要等 5 天才行。但不管你等 1 天、等 5 天，还是等两三天，最基本的要求都是一样的：要想以后能够轻松的生活，你就得揪出让孩子过敏或是不耐受的罪魁祸首。当然了，大部分食物引发的过敏反应是速发型的，反应时间在几分钟至几小时内不等；但确实有一些食物过敏是缓发型的，要在吃下去整整两天以后才开始现出原形。

•**8~10个月**　在给 8 ～ 10 个月的孩子准备食物时，先想一想孩子之前吃哪些食物时出现了过敏的情况，再结合你和儿科医生的交流，避开一些可能兴风作浪的过敏原。在这个年龄段，大部分孩子的消化系统已经能够正常消化酸奶和芝士之类的奶制品了，但还是不推荐喂普通的牛奶，大家接着喂母乳或是婴儿配方奶粉就好。除了因为特殊的原因要去提防过敏原，到了这个年龄，孩子是可以开始吃一些含小麦的面食或是意大利面了。虽然浆果和柑橘因为过敏常遭嫌弃，但这两者不大可能会引起真正的过敏症状。就目前来看，它们一般会造成皮肤和消化道的不适，引起皮疹、腹泻或是胀气——但仅凭这几点就足以让许多父母把它们排除在菜单之外了。

•**1岁及以上**　等孩子们迎来了 1 岁的生日，他们也就迎来了与牛奶的第一次相遇。如果医生允许的话，你也可以让孩子早点尝尝牛奶或是其他普通食物的滋味，但一定要是那些既不会引起窒息，也不会引发过敏的食物。

晚点儿吃或是彻底不吃

饮食时间表对普通人来说算不上什么，但对有可能食物过敏的孩子来说却是个宝贝。为了防止过敏，家长可以先按照时间表决定何时给孩子尝试新的食物。为了预防食物过敏，专家们建议，如果婴儿的父母、父母一方或是双方的兄弟姐妹中有对食物过敏的，那最好等到孩子满 1 岁了再让他喝牛奶，2 岁以后再吃鸡蛋，3 岁以后才能吃花生、坚果、鱼类和贝类。尽管这些高致敏性的食物最好让孩子长大一些再吃，但大家别忘了，这种方法的有效性还未被证实。如果一个孩子天生对花生过敏，那不管他是 6 个月吃还是 6 岁吃，结果都是一样的。但从另一方面来讲，如果小婴儿之前发生过过敏，那最好还是把这些高致敏性的食物放一放，让医生帮你判断一下是否安全；或者你也可以让医生在孩子身上测试一下，确认无误了以后，再拿给孩子吃。说了这么多，要应付大一点儿的孩子可能会遇到的食物过敏，这些方法应该能帮大家舒一口气。当然作为家长，你是可以选择把这些高风险的食物从菜单中删除的。

☕ 食物标签要实事求是 🍵

据统计，接近90%的过敏案例是由8种高致敏性食物造成的。于是，美国国会基由这项调查，于2004年通过了一项法律，要求不管是国产的还是进口的有外包装的食品，只要通过了美国食品药品监督管理局的审批，都要在包装的标签上注明食品所含的成分。这样一来，以前隐藏在食物中的过敏原纷纷暴露了出来。以前就有一些明明含有牛奶的副产品，为了混淆视听，偏偏要在包装上印上"非奶制品"的字样。

8种高致敏性食物

世界之大，每一种食物理论上都可能会让某些人过敏。但你可以对以下这8种食物严防死守，免得它们在你的育儿道路上掀起波澜。这8个顶级罪犯是牛奶、鸡蛋、花生、坚果、鱼类、贝类、小麦和大豆。

·无事生非的牛奶 尽量不要给1岁以下的婴儿喝牛奶，理由很充分：首先，这么早给孩子喝牛奶可能会引起身体不适；再者，这时候给孩子喝可能会引发孩子对牛奶真正的过敏，而往后拖一拖是可以躲开的。幸运的是，要是真在这个时候喝牛奶，只有不到3%的孩子会对牛奶过敏。而且等到这些孩子1岁的时候，还能再有一半的孩子不再对牛奶过敏，等到4~6岁的时候，能有85%的孩子不会对牛奶过敏。

不过如果孩子确实是对牛奶过敏的话，那所有的乳制品全都要列入违禁品当中，对那些可能含有牛奶、奶副产品的食物，比如蛋糕啊、面包啊、牛奶巧克力啊，一定要多加留意，以防孩子误食。尽管经过巴氏消毒之后的羊奶也可以代替牛奶喂给孩子喝，但家长和儿科医生心里得有数，毕竟羊奶也会引起过敏反应，而且羊奶中叶酸和铁的含量较低，孩子可能会因缺乏叶酸和铁而影响发育。

☕ 乳糖不耐症 🍵

　　有些人天生没有足够的乳糖酶消化乳糖，这时候不管是什么乳制品，只要吃多了，就会出现一些与牛奶过敏相似的症状，像腹胀、腹绞痛、恶心、腹泻等。不过还好，婴幼儿分泌的乳糖酶比成人要多，所以就算他们有点儿乳糖不耐受，一次少喝一点儿奶制品也没什么问题。要是分泌的乳糖酶实在太少了，我们还有奶制品工厂来帮忙，研究人员已经找到了将乳糖酶融合到奶制品里的方法，力康特（Lactaid）牛奶就是他们的杰作。

• **鸡蛋及蛋制品**　基本上每 20 个过敏的孩子里肯定有 1 个是对鸡蛋过敏。鸡蛋的蛋黄和蛋清里都含有蛋白质，但相较于前者，还是蛋白更容易引起过敏反应。所以有些对鸡蛋过敏的孩子可以只吃蛋黄，还可以试试像面包、意大利面、煎饼和华夫饼这种加了蛋液煎烤过的食物。但家长们千万不能掉以轻心，孩子吃的时候要随时注意孩子的反应，平时也多跟医生交流一下鸡蛋的使用方法，有时候哪怕是一点儿鸡蛋渣也能把过敏这个"坏蛋"给叫出来。

• **大豆**　家里有孩子对大豆过敏？那你只能把豆腐、豆豉和酱油从购物清单里划去了。别以为这样就能把大豆彻底给隔绝了，我们敢打赌，你家厨房的橱柜里肯定还藏着大豆。大豆酱油和金枪鱼罐头就不用说了，有些麦片、汤还有烘焙食品里也是含有大豆成分的。大豆属于豆科植物。其他豆科植物还有海军豆、芸豆、菜豆（绿色的）、黑豆、斑豆、鹰嘴豆、扁豆、豆角以及花生——这个是不是在你的意料之外？在 8 种高致敏食物中，大豆的致敏率最低。但和花生的亲密关系着实让大豆大放异彩。所以不管是对大豆过敏还是对花生过敏，平时吃饭的时候，这两个都得注意着点。

🍵 鸡蛋和疫苗 🍵

在鸡蛋里培育的疫苗很可能含有鸡蛋的蛋白质。如果你的孩子对鸡蛋过敏，一定要去咨询医生，既要让孩子能够顺利接种，又要保证孩子不会过敏。

• 流感疫苗和黄热病疫苗都是在鸡蛋里培育出来的。因为对鸡蛋过敏的孩子一般还有一些其他病症（例如哮喘），一旦感染了流感就会十分危险，所以医学界现在达成了一项特殊的协议，允许那些对鸡蛋过敏的孩子小剂量地接种流感疫苗，并要求在接种后要进行严密的观察。

• 麻疹 - 腮腺炎 - 风疹疫苗（MMR）是在鸡蛋的胚胎细胞中培育的，不是在鸡蛋里培育的，所以这种疫苗所含有的鸡蛋蛋白很少，几乎不到流感疫苗的 1/500，其安全性已经在几项研究中得到了证实，就算是有严重鸡蛋过敏的孩子用了也很安全。

• 水痘疫苗并不含有任何鸡蛋蛋白，但因为其英文名中有个"chicken（小鸡）"，虽然人们偶尔会犯嘀咕，但是那些对鸡蛋过敏的人注射水痘疫苗也是没有任何危险的。

• **花生** 花生是最最常见的过敏原了，近些年对花生过敏的孩子较之往年翻了 3 番，每 75 个孩子里就有 1 个会对花生过敏。在致敏的食物中，花生绝对是佼佼者，只要一点点就能引发严重的过敏反应。可即便如此，在美国，不管是在家、在护幼中心还是在学校，花生酱依然大受欢迎；在甜曲奇、巧克力棒和飞机上提供的麦片粥里，也常常能见到花生的身影，对抗花生过敏的任务有多艰巨，这么一说大家应该就能明白了吧。

🍵 坚果 🍵

孩子如果对坚果过敏，家长们别光顾着警惕吃的，还得注意用的。有些化妆品、乳液和洗发水里含有坚果的提取物；沙包、宠物饲料和鸟食里也会混入一些花生和坚果，家长们在孩子接触的时候也要格外注意。

• **树生坚果**　头一次看到"树生坚果"这个词，不知道你会不会也和我们一样，想知道要是树上掉下来一个砸中你的头，你能不能认出来这是什么坚果。为了消费者的安全，食品成分表上都要依法列明所含有的树生坚果，可我们还是觉得有必要给各位家长列个清单，毕竟树生坚果的范围相当广，包括腰果、美洲核桃、榛子、巴西坚果、澳洲坚果、开心果、山核桃、杏仁和胡桃。能想上来的我们基本都给大家列出来了，也把两个明明不是坚果却偏偏在名字里有个"nuts"的捣蛋鬼"peanuts（花生）"和"donuts（甜甜圈）"给踢出去了。虽然树生坚果一般不会引起人对其他食物的过敏，但在对树生坚果过敏的孩子中，还是有接近一半的可能会对花生过敏。所以对于这些的孩子，为了保证他们的饮食安全，许多过敏症专家建议花生和树生坚果都要在他们的饮食中彻底杜绝。

• **小麦也会致敏吗**　和大豆一样，小麦和剩下的 6 种高致敏食物相比，也算是小巫见大巫了。但家长们最好还是提前采取警戒措施，等孩子满 9 个月了，再给他们喂那种含有小麦的婴儿米粉（尤其是那些在包装上印有"小麦"或是"混合谷物"的米糊）。孩子一旦开始食用小麦类的食物，不管他是喝的婴儿米粉，还是吃了面包、曲奇、蛋糕、饼干、麦片、意大利面之类的食物，家长们都要好好地观察，警惕因过敏或是不耐受而引发的典型症状。

🍲 谷蛋白的惩罚 🍵

　　小麦、大麦和黑麦里所含有的蛋白质被称为谷蛋白，在蛋白质里就属这种蛋白最不好消化了。孩子吃了谷蛋白可能会出现不耐受，因为谷蛋白很不好消化，会造成肠胃极度不适，更能影响营养的吸收。长此以往，孩子的体重会下降，还会腹泻、贫血，出现发育不良。这几种症状都是谷蛋白敏感性肠病（又称乳糜泻）的典型表现。孩子在成长的各个阶段都可能因为摄入谷蛋白而引起谷蛋白敏感，但高发期还是在孩子两岁左右的时候。不管孩子什么时候开始对谷蛋白过敏，要想把谷蛋白完全从饮食中剔除出去也不容易，家长们最好还是去找专业的医生帮忙，严密地排查孩子的饮食。

• **别急着给孩子吃鱼**　很少有家长在孩子一两岁的时候就给他们喂鱼吃，但凡事总有例外，真有些家长会这么做。之所以不在这个年纪给孩子喂鱼是因为鱼引起的过敏反应一般都很严重，而且症状迟迟不会消退，所以家长们还是谨慎为好。有意思的是，多数孩子一旦对一种鳍鱼过敏，就一般也对其他鱼过敏，可还有一些孩子只会对一种鱼过敏，打个比方吧，如果这个孩子只对三文鱼过敏，那他吃鳕鱼是没有问题的，所以对这种孩子，没必要什么鱼都不敢给他吃。

• **远远地躲开甲壳类食物**　像虾、蛤蜊、龙虾、螃蟹和扇贝这类甲壳类食物，家长们一般都不会端给嗷嗷待哺的孩子们吧。所以这里我们就简单的给大家提个醒，对甲壳类过敏可和对鱼类过敏不一样，一般只要你对一种甲壳类过敏（软体类或是贝类），那你基本上就对所有的甲壳类都过敏。

☕ 过敏"环游"世界 🍵

　　食物过敏一般根据地区而异。日本人多对大米过敏，北欧人多对鳕鱼过敏。和世界上其他地区相比，印度人对鹰嘴豆的过敏率是最高的。

精确定位过敏原

如果你有充分的理由怀疑孩子会对某几种食物过敏，可以和医生一起试试以下几种方法，把问题的根源找出来。不过过敏的过程相当复杂，要想准确地把罪魁祸首找出来还是有点勉强，有时候连专业的测试都帮不上忙。虽然寻找食物过敏原的道路阻碍重重，但如果孩子的过敏反应越严重，尽快找医生帮忙，尽早想出对策才是上上之策。

• **不要随便撤菜**　有些家长一遇到过敏，立马不分青红皂白地把让孩子不适的菜给撤了，根本没把罪魁祸首找出来，这么做着实不可取。在这种时候，有两种方法可供大家选择：要么就先

把孩子最近吃的食物全给撤了，再一样一样地往回搬，看看孩子
吃了哪样食物又开始过敏；要么你就把那些有嫌疑的过敏原一样
一样地撤下去，看看孩子的过敏反应在停吃哪样食物后消了下去。
不过这两种方法只适用于症状轻微的过敏，如轻微呕吐、偶尔腹
泻或是出皮疹。

• **做好记录**　下一步就得大家动笔，把食物和出现的对应症
状整理好，做个记录。有些食物一吃下去就会出现过敏反应，这
种比较简单；还有一些食物的过敏反应要等一段时间才会出现，
这种有些困难，不容易找出来。为了解决这个问题，大家可以每
次只给孩子尝试一种新食物，同时记下孩子食用的部分以及食用
的时间，跟踪记录孩子之后出现的各种症状，一定要仔细观察
记录，万一孩子过敏了，需要查找过敏原的时候能帮你省下很
多麻烦。

• **医学检测**　常见的过敏原测试有两种，一种是皮试，一种
是血检。皮试具体来说就是皮内点测，医生会把少量的待确认过
敏原放在皮肤上，同时在相应的区域刺上一枚小针。如果患者真
的对其过敏，这一小点儿过敏原就足以让针刺区域的皮肤出现湿
疹或荨麻疹。血液检查也可以通过提取抗体来确认过敏食物。一
旦孩子出现食物过敏，一定要和医生讨论一下要不要进行过敏原
的检测，以便提前做出应对。

Chapter 35
便秘惊魂

让孩子解大便和让孩子吃饭，这两者之间有什么共同点吗——这两项任务有时候都很难啊。这话很像上小学的孩子会讲的笑话，讲完之后他们可能还会笑作一团。可你很快就会发现，要是孩子真便秘了，那可真不是闹着玩的。你可能会问，为什么要在一本婴幼儿喂养书中谈论便秘问题呢？当然是因为当孩子坐在儿童餐椅或餐桌旁时，他们吃的（或是没吃的）食物将要主导之后大便的形状和软硬度。如果家长们知道哪些食物造成了便秘，哪些食物又是清扫便秘的同盟军，那么家长和孩子在对抗便秘的道路上都能走得更顺畅了。

☕ 严格定义的便秘 ☕

有些人对便秘的准确定义不以为然，我们可以告诉大家，便秘一般指的是排便困难或是排便次数过少，而婴幼儿便秘一般都与所吃的食物有关。

关注食物性便秘

• **新生儿便秘：主要靠观察**　一般来说，影响新生儿大便成形的变量主要有两个，一为母乳，一为配方奶粉。虽然还另外有一些因素需要大家注意，不过在这个阶段，孩子便秘与否关键还是得靠家长的观察：相较于吃母乳的孩子，喝奶粉的孩子拉出来的便便更硬一些；有些喝母乳的孩子每吃饱一顿就大便一次，可有的孩子正相反，虽然喝的也是母乳，也没生什么病，有时候居然一周甚至一周以上都大不出便便来。

• **4~6 个月：辅食 = 硬大便** 小宝宝一旦开始吃辅食，大便就开始发生改变，变得比以前硬，次数也会相对减少（当然味道也会比之前要重一些）。要是孩子之前的大便就不通畅或是坚硬干燥，那家长们就会更加头疼了。一些不到 6 个月的孩子大便的时候会比较夸张，他们虽然没有便秘，可一举一动就跟便秘一样：他们会攥紧小拳头，两腿蹬得笔直，嘴里还不时地发出使劲的“嗯嗯”声，这时候在一旁看着的人估计也会跟着憋得满脸通红吧。

• **9~12 个月：该吃普通的饭菜了** 在第一次给孩子喂普通饭菜的时候，有几种饭菜特别受父母们青睐，但恰恰在这里面，就有特别擅长引起便秘的食物。最典型的几种是奶酪、酸奶、香蕉和苹果酱。虽然孩子们吃着没什么危害，可大家也得稍加注意，免得适得其反。

• **1 岁以后：规律难持** 我们一般都秉持这一信念：孩子要想健康成长，日常生活的方方面面就得规律一致。可等孩子长到 1 岁，单是大便规律就很难保证，原因很简单，比起大便规律，饮食的规律更是难以维系。

🍜 难解的排便之困 ☕

孩子如果能在刚出生的几天规律大便，那就让人安心不少，因为那不仅说明孩子这两天吃得饱，还说明孩子体内制造大便的各道工序都能正常运作。相反，如果孩子的肠道不能将大便排出，那一定得求助儿科医生，让医生帮你更好地评估孩子当前的状况。如有必要，可以检查孩子是否患有先天性巨结肠。这种病并不常见（发病概率为 1/5000），表现为肠道远端神经细胞异常，导致相应的肌肉痉挛，无法将大便推出体外。

便秘食物应适量

在展开本节之前，我们想先指出一点：有些食物虽然会引起便秘，但它们在本质上对孩子是无害的。这类食物一般既健康又深受孩子欢迎，孩子有时候就会吃得太多，进而出现身体不适。所以一开始给孩子吃的时候，每天不要超过3次。一旦孩子出现不适，家长们要根据需要对食用量适当地进行削减。

🍽 大便次数 ☕

孩子每天大便的次数可不是定量的，且不说孩子之间差异悬殊，就是同一个孩子，他每天的生活也是不一样的。喝奶粉的孩子一般每隔2～3天大便一次，而喝母乳的孩子有时候可能得等上7天才大便一次，对他们来说，这根本不算是便秘。不过，为了给家长们做个参考，以下根据年龄段给出了孩子每天相对正常的大便次数：

年龄	每日大便次数
0~4个月	4
4~12个月	3
1岁	2
3岁及以上	1

• **牛奶** 孩子蹒跚学步的时候，要想预防便秘，家长们一定要注意别让孩子喝太多牛奶。根据当前的建议，当孩子满1岁开始喝普通牛奶的时候，即使他们（还有你）可能已经习惯于每天喝20～32盎司的牛奶，但这个奶量有点过量了，他们并不需要喝这么多。虽然在引起便秘的饮食原因里，牛奶是最可预见的，但相比酸奶等其他奶制品而言，我们也不确定这其中到底哪一个在引发便秘上占据更重要的地位。而且更准确的说，因牛奶引起的便秘一般都是因为摄入过量。

所以不管孩子是因为喜欢牛奶，还是喜欢奶瓶，抑或是有喝得多的习惯，如果他一天的牛奶量超过了推荐的16盎司，那他不管吃多少高纤维食物也没用。

• **奶酪** 别管奶酪是片装的、条状的还是碎屑状的，对孩子来说，它们都诱惑十足，难以抵挡。

• **低纤维食物** 像白面包、米饭和意大利面这类低纤维的食物，料理过后孩子们都很喜欢吃。

• **香蕉和苹果** 在这里看到这两种水果，多数家长一定会觉得不可思议，不过它俩确实可能会引起便秘。吃水果确实能又快又好地缓解便秘，可如果吃多了香蕉和苹果，确实会造成相反的效果。

🍵 揭开误区 ☕

碰上婴儿便秘了，家长们千万别抵挡不住诱惑，把普通的配方奶粉换成低铁配方奶粉。虽然普通奶粉的含铁量很大，但这么设计是有充分理由的：小宝宝的成长发育需要铁，可就算是普通奶粉里含有大量的铁，真正能让宝宝吸收的也不是很多。大家作为成年人，可能知道体内铁含量过高会导致便秘，但孩子毕竟和大人不同，所以别这么早就下定论，把脏水泼到铁身上，而且配方奶粉的含铁量一般是不会造成便秘的。

可预防和治疗便秘的食物

引起便秘的食物有很多，可不会引起便秘的食物也不少，这里尤其给大家推荐高纤维食品。孩子吃点高纤维食物，不仅能预防便秘，更能治疗便秘，说高纤维食物是家长们对抗便秘的好帮手真是一点也不为过。

• **多吃麸糠类的食物** 麸糠类不仅纤维含量高，更是"父母之友"。所以家长们应该多给孩子喂点麸糠粥，而少喂甜麦片粥。麸糠虽然因为含有大量纤维备受推崇，但对家长们来说，它还有一大优点：几乎在所有的谷物里（包括小麦、燕麦、大米、玉米）都能找到麸糠的身影。而且麸皮松饼、小麦片、全麦面包、意大利面、燕麦粥、糙米和全麦饼干里也含有麸糠，在喂饭时这几种食物孩子一般都不会拒绝。

•**蔬菜和水果** 有几种食物软化大便有奇效，它们不仅纤维含量高，还有另外一个共同点——英文名字都是字母P打头的。它们分别是梨（pears）、桃子（peaches）、西梅（prunes）、豌豆（peas）和李子（plums）。英文名以B打头的食物也不甘居后位，像黄豆（beans）、西蓝花（broccoli）还有球芽甘蓝（Brussels sprouts），这几种蔬菜也都富含纤维。

对丁所有年龄段的孩子（甚至成年人），要想对抗硬便，最容易的方法或者说最能让他们接受的方法应该就是吃水果了。如果孩子年纪够了，能吃水果了，那么直接生吃，这样治起便秘来可是相当有效。要想缓解便秘的痛苦，还可以给孩子喝点儿纯果汁。不管是水果还是果汁，通便效果都不错，而且对孩子都有益处。西梅汁在软化大便上最负盛名，不过要想喂给孩子喝可着实不容易。所以一般这个时候，我们更推荐家长们给孩子喝点儿梨汁。一是孩子喜欢喝，二来效果绝佳，喝一点儿就能让你见证奇迹。身怀此种绝技的还有苹果汁和白葡萄汁。橙汁除外，它不像其他水果汁，橙子要直接吃才管用！

•**水** 听起来简单，它的作用也很简单：水和含水量高的食物（再重申一遍，也就是水果和蔬菜）能让肚子里的东西一路下行，这一点至关重要。

如果食疗不奏效

如果在治疗便秘的过程中迟迟未有进展，连寄予深切期望的功效饮食也奈何不了坚硬的大便，那你就该考虑用药了。不过在准备给孩子用非处方药或是便秘专用的处方药时，一定先要去咨询儿科医生，以免用药不当，反而使孩子的便秘加重。孩子的大

便通畅以后，不要以为一切就万事大吉了，各位可能还要和便秘
抗争很长一段时间，所以家长们还得在饮食上多下功夫，努力让
便秘再没有翻身的机会。

困难重重

　　孩子便秘以后一般都食欲不振，这便打响了对抗便秘的最后
一战。虽说食物是引起便秘（或者使大便硬化）的主谋，可便秘
反过来又会发起针对它自己的喂养大战。虽然孩子不吃饭的原因
有很多（本书在许多章节中都给出了解释），但在这里还是要给
大家强调一点——在这所有的原因中，便秘肯定是排在首位的。
所以每当孩子不想吃饭或是跟你抱怨胃疼肚子疼的时候，你应该
好好想想他上次大便是在什么时候，大便的时候困不困难。毕竟，
让孩子肚子痛的一号"种子选手"多半就是便秘了。

☕ 纤维的真相 🍵

　　美国心脏协会建议每天每摄入 1000 卡路里，相应的就要摄
入 14 克纤维。所以对 1 ~ 3 岁的孩子，每日摄入的纤维量要达
到 19 克，4 ~ 8 岁的孩子要达到 25 克。要是实在无法达到这
个目标，那可以用孩子的年龄加上 5，把得到的数字定为最低
量（举个例子，如果一个孩子 5 岁，那他的每天最少得摄入 10
克纤维）。

　　根据美国食品药品监督管理局的规定，一种食物只有含有
5 克以上的纤维才能在依法在外包装上印上"高纤维"字样。同理，
那些印有"富含纤维"的食物，其纤维含量应在 2.5 ~ 5 克之间。

　　• **高纤维食物**　1 个带皮的烤土豆；1/2 杯煮熟的扁豆、芸
豆、黑豆或豌豆；1 杯全麦食品；1/3 杯 100％ 麸糠麦片。

　　• **富含纤维的食物**　1 个带皮的苹果或梨；1 个橙子；3 个
或 4 个西梅；1 杯草莓或蓝莓；1/2 杯小麦或麸皮麦片；2 片全
麦面包。

Chapter 36

胀气的代价

之所以要讨论胀气这个问题，是因为我们在实践中一次又一次地发现，最开始就让家长们对喂饭感到头疼的因素中，胀气要算上一个。为什么呢？因为当父母面对一个容易胀气的宝宝，他们自然想要做点儿什么，而等他们到处寻找让孩子胀气的罪魁祸首的时候，食物就不可避免地成了靶子。

我们承认有些食物确实会导致胀气，可有些家长一旦认识到这个问题，就开始钻牛角尖，非要抓着这个问题不放，剥夺了孩子吃饭的乐趣。这种现象我们经常会见到。看到各位家长对这个问题如此忧心，花费了那么多时间和精力（有时候还有大量的钱财），我们希望能够尽力给大家拨开掩盖在胀气这一问题上的迷雾，帮助大家全面了解胀气的成因，以便在必要的时候能够采取一些有用的措施。

胀气是正常的生理现象

在深入探讨之前，我们首先要明确一点，即不管是对成年人、儿童还是婴儿，排气都是极其平常、必须要有的生理过程。美国国家卫生研究院的统计显示，人一天中不分时间和地点大约要排气14次，总量约达1~4品脱。当空气进入（或是排出）肠道的时候，这种正常的生理现象便不可避免的发生了。而且这种现象往往伴随着食物（不管是液体还是固体形态）被分解和消化的过程。

胀气的时候很难受吗

既然胀气是正常的现象，那为什么小宝宝一胀气，父母们的反应就那么大呢？答案很明显：因为小宝宝排的气比普通人臭多了。而且他们胀气的时候也不老实，常常表现得不安、恐惧，同时伴有不间断的哭泣和挣扎。其实，从根本上讲，为人父母，我们应该弄清宝宝做出这些行为的原因。可事实上，我们一般无法确定他们这般哭闹究竟是不是在向大人寻求帮助，而且多数情况下，他们这样哭都是在捣乱。当然，我们也知道胀气有时候确实是会让人难受。但宝宝胀气是很平常的事，几乎每天都会有。请大家记住，比起成年人，让宝宝们哭闹的原因有很多，疼痛或是不舒服并不是一成不变的原因。

☕ 肠绞痛：排气之后的又一苦痛 🍵

对任何人来说，肠绞痛既不好判断，同时也难以预防。宝宝出生两周后如果出现肠绞痛，最典型的症状就是毫无理由地过度啼哭。这种症状在 4 ~ 6 周的时候可能会愈发严重，让父母们在一旁手忙脚乱，想找出原因可又束手无策。等到宝宝长到三四个月，这种症状一般就会自行消失了。虽然一直以来我们都把肠绞痛怪罪在胀气和腹痛上，但儿科医生哈维·卡普（Harvey Karp）在其出版的 DVD 和《如何让你的孩子安睡》（The Happiest Baby on the Block）一书中却给出了让人信服的解释，为我们彻底打破了这个流传已久的魔咒。首先，胀气和肠绞痛两者的发生时间相差甚远——宝宝自出生就会胀气，但并不会出现肠绞痛。此外，众所周知，肠绞痛会于夜间加重，可胀气却没有这样的问题，它是 24 小时全天候都有可能出现的。而且正如卡普博士所说，有些地方的孩子甚至根本不会出现肠绞痛，但却没有哪个地方的孩子不会出现胀气。

婴儿为什么容易胀气

至于小宝宝们为什么那么容易胀气，其中有两项主要原因都与食物有关。

• **吞服过量空气** 有些宝宝在小的时候极其容易吞咽多余的空气，他们可能在吃饭喝水的时候狼吞虎咽，会张大嘴大声哭闹，有时候还用奶瓶吮吸喝奶，这些举动都可能会让过量的空气进入他们的消化道之中，进而导致胀气。

• **多种食物相互作用** 虽然许多人觉得母乳喂养的妈妈吃了产气食物之后，其乳汁也会带有产气的倾向，但事实上，不单单只有母乳喂养的妈妈才会体会到产气食物的威力。

怎样才能让气少一点儿

我们坚定地认为各位父母实在没有必要为了让宝宝不胀气而去花大价钱。如果你坚决想解决这个问题，我们可以教你几招科学的方法，缓解一下孩子当前的症状，这些方法里有些少不了要和平时的吃饭挂上钩。不过我们也得给大家提个醒，让气少一点儿绝非易事，所以大家也得适当放低期望值，不要要求太多。

■ 找出产气嫌疑

对于母乳喂养的妈妈们来说，诸如大蒜、洋葱、咖啡和巧克力等等很多食物，表面看来虽然正常，但背地里却是个产气大户。所以要想从中揪出让孩子胀气的元凶，我们还得先筛选筛选那些主要的产气嫌疑人。

• **纤维** 很多高产气食物的纤维含量都很高。如麸质松饼和葡萄干麦片等含有麸皮的食物都含有大量的纤维。

• **水果** 几乎所有的水果都又让人胀气的功效。

• **各种蔬菜** 常见的产气蔬菜有西蓝花、洋葱、大蒜和卷心菜，不过抱子甘蓝、朝鲜蓟和芦笋也都有同样的功效。

- **淀粉**　像土豆、玉米、面条和小麦等多数食物中所含的淀粉都会在体内经消化产生气体。不过大米却不在这一行列当中，其所含有的淀粉应该是唯一不会产气的淀粉。

- **奶及奶制品**　奶和诸如奶酪、酸奶、冰激凌之类的奶制品都是产气食物，患有乳糖不耐症的人万一吃了更是一发不可收拾。

- **汽水**　让大家少喝碳酸汽水或是香槟饮料的另一个原因就是它们产气，大口狂饮换来可就是碳酸在体内分解过后疯狂涌出的二氧化碳。

- **甜味剂**　无糖产品中常常使用山梨糖醇作为甜味剂，不过山梨糖醇极易产生气体（有时候还会引起腹泻）。

相比起来，有些食物产气的嫌疑更大，不过对于用母乳喂养的妈妈们来说，要想从平时的饮食中把它们找出来，这还真是说起来容易做起来难。虽然平时很有必要多加留意某种食物或是饮品会不会引起孩子不适，但家长们千万别忘了，食物并不是气的唯一来源。因此一定不要因为这个就随意把某些饭菜从餐桌上撤掉，只捡着少数几种来吃。

■ 正确冲泡配方奶
宝宝刚开始喝配方奶的时候，如果泡的是奶粉，尽量不要摇动，可以等着奶粉慢慢溶解，如果你摇了，那就先放上一会儿再喂孩子吃；或者你可以换用浓缩或是稀释的液体奶。因为在冲泡奶粉的过程中，摇动得越剧烈，奶中混合的气泡就越多，如果这样喂给孩子喝，孩子在不知不觉中会咽下多余的空气，体内就会积累过多的气体。而且在换用配方奶粉的时候，一定要和你的儿科医生讨论。如果孩子喝一种配方奶出现了排气过多的现象，可以按照医生的建议另换一种。

■ 慢点儿喂奶
孩子用奶瓶喝流质食物的时候，要让他喝得慢一点，这样才能少吞入点空气。所以你最好多换用不同的奶瓶和奶嘴，找到最适合宝宝的一种。

如果宝宝的胀气问题很严重，你应尽可能地排出奶瓶里的空气，那你可以选用具有特殊功效的奶瓶（如带排气孔的奶瓶、弯角奶瓶或是一次性的免洗折叠奶瓶），让孩子喝奶的时候少吞入点儿空气。

■ 多拍嗝

不管是喝奶过程中还是喝完奶之后，你都得想办法让孩子打出嗝来。不过给大家提前预警一下——有些宝宝脾气不好，可不会任由你打断他吃饭哦。

■ 用外力排气

你可以让宝宝仰面躺在床上，抓着他的腿做自行车运动，帮宝宝把多余的气体给赶出来。而且平时最好能让宝宝趴一会儿，这样不仅能够防止宝宝的后脑勺变平，锻炼他的上肢力量，还能通过对腹部的挤压来促进气体排出。

■ 防胀气滴剂

人们一般认为二甲硅油防胀气滴剂（如 Mylicon、Little Tummys gas relief drops 和 Phazyme 等品牌）是安全的，可以给宝宝使用，根据需要，每天可使用 12 次，很多父母都给宝宝用过。但这种滴剂还真不便宜，每瓶约只有 30 毫升，价钱却为 $12，而且研究表明它也不是很有效。虽然，现在看使用防胀气滴剂促进排气并不会对宝宝造成直接的伤害，但如果你觉得滴剂没用，就不要再往生厂商和药剂师的腰包里塞钱了。

胀气一定会好的

如果宝宝的胀气情况很罕见，会引发持续而剧烈的腹痛，又或者根据你的观察，宝宝胀气的症状与普通婴儿不同，那就赶快向儿科医生求助。但对于大多数宝宝来说，胀气是必须要经历的。所以只要不出什么意外情况，你大可安心，宝宝的胀气一定会好的！

Chapter 37
谈谈回流

　　最早的喂养大战——吐奶，爆发于各位刚刚晋升为奶爸奶妈的时候，不管在精神上还是身体上，这都是一场难熬的战役。不管是用母乳哺育还是用奶瓶喂奶，一旦遇上孩子胃里的奶液回流（多数会直接吐奶），别管在这件事上花费了多大的精力，多数家长依然会束手无策。新生儿吐奶是一种常见现象，而且在生活中，吐奶这项挑战还具有不同程度的实际意义和医学意义。虽然判断宝宝吐奶严重与否的任务要留给你和你的儿科医生来做，我们还是会带领大家去进一步了解吐奶，学习相应的处理方法。

> ### ☕ 回流的定义 🍵
>
> 　　英语里描述回流的术语有很多，如 regurgitation（胃食管回流）、gastroesophageal reflux（简称 GER，胃食管反流）、gastroesophageal reflux disease（简称 GERD，胃食道逆流性疾病），或者简单点说，就是 reflux（回流）。韦氏词典对 reflux 的定义是"反向流过"。谈及反流，一般是指胃里的食物反流回了食道，所以我们可以把 gastroesophageal 这个词加进来。不过形容宝宝正常吐奶的时候，我们常用的 3 个词是 reflux，spitting up 和 GER，而 GERD 指的是非正常或是相当严重的呕吐，这种呕吐一般相当频繁，程度较重，会引发疼痛或是体重的减轻，因而需要进行较多的医学干预。

反弹回流

如果你家宝宝常常吐奶，连累得你也要跟着收拾烂摊子，你要怪就得怪宝宝食道底部的那块肌肉力量太弱。这块肌肉学名为"下食管括约肌"，简称 LES，处于胃的顶端，能够帮你确保宝宝吞下去的食物不会再倒流回来。与此同时，这块括约肌还能引导固液态食物按照从食管到胃这个正确的顺序行进，从而确保食物一路下行至小肠，最终排出体外。所以一旦宝宝的这块肌肉太过薄弱，没有足够的力量阻挡食物回流，那么你与食物的这场大战就会一触即发。看到这里各位家长也不要因此忧心，告诉大家一个好消息：随着宝宝一天天长大，下食管括约肌也会一天天强壮起来，就算是一个 2 个月大的宝宝，他的下食管括约肌也会比 1 个月前更加有劲，在防止食物回流方面也会更加有效。

进餐里程碑：吐奶

•**0~4 个月：吐奶是正常现象**　要新生儿不吐奶实在是强人所难，那么他们究竟为什么会吐奶呢？原因如下：对于新生儿来说，他们的营养来源一般都是液态的，而且一天里大多数时间都在躺着，再加上这时候的下食管括约肌还比较松弛，如此一来，对于他们，吐奶就是相当常见的事情了。虽然在最初的几个月，这几种情况会随着孩子的生长略有改善，但并不会彻底好转。研究发现，虽然健康宝宝在三四个月的时候发育得相对成熟，但其中依然有 40% 以上的宝宝会吐奶。

•**4~6 个月：肠胃开始蠕动**　总体而言，这个时候宝宝的吐奶次数会明显减少。胃这时也会开始尝试进行正常蠕动，先将食糜向前推动（大约在 4 个月的时候），而后又将其反向推回（6 个月的时候）。你和宝宝也终于迎来了又一座期望已久的进食里程碑——肠胃蠕动，而且从这以后，宝宝的肚子能够承受的外界压力也会相应增大。同时，在这个时候宝宝也会开始进食辅食，而像婴儿米糊这类的辅食质量较重，不仅不容易回流，而且能有效防止奶汁回流。

• **6~8 个月：吐奶会因为宝宝会坐了而逐渐减少**　家长们看到这个时候的宝宝会觉得欢欣鼓舞，因为宝宝不再会因为躺着而吐奶了。宝宝在 6 ~ 8 个月的时候就会坐着了，这样一来，就算宝宝之前偶尔还会吐奶，在重力的帮助下，这种情况也会慢慢减少，直至销声匿迹。

• **9~12 个月：宝宝会走之后，吐奶可能会卷土重来**　虽然少数宝宝存在还没学会爬就开始走的情况，但大多数宝宝都是按照爬、快爬直至蹒跚学步的顺序一步步来的——他们终于从开始的手脚并用来到了直立行走的美好年华。呕吐放在哪个年纪都不是美好的回忆，不过家长们如果在这个时候遇到了也不必太过惊慌。孩子在刚刚会走的时候，运动量会突然加大，行动的过程中胃部还会突然受到挤压，这些情况都会引起孩子吐奶。所以宝宝们在这个年纪有可能会暂时出现呕吐的情况。

• **12~14 个月：多数孩子以后不会再吐奶了**　宝宝到了这个年纪所吃的普通饭菜能够有效地防止呕吐，而且宝宝现在大多数时间都是晃晃悠悠地直立行走，所以重力也会减少呕吐的概率。虽然我们有义务提醒大家，食物回流并不只发生在婴儿时期，但对大多数孩子来说，呕吐已经是过去的事了，所以家长现在能够一身轻松地对抹布说拜拜了。

☕ 你也会吐的 🍵

对于一个苗壮成长的宝宝来说，如果你想计算出他平均一天要喝多少母乳或是配方奶，用宝宝的体重乘以 2.5 盎司大约就可以得出奶的重量。也就是说，一个 10 磅重的宝宝每天需要喝 25 盎司的奶，而这就相当于一个 150 磅重的成年人每天要喝 375 盎司的奶，换算成加仑的话，也就是接近 3 加仑，这么大的量，换做是你也会喝吐的！

吐奶的程度

很多家长可能会认为宝宝如果吐奶了，就会把吃的都吐出来，或者至少是把刚刚吃进去的吐出来。诚然，有些宝宝的确擅长把胃里的东西都吐出来，但他吐出来的奶一般没有看起来那么多。下面我们给大家介绍几种方法，以便判断孩子的吐奶属于哪种类型，让大家能够有针对性地应对。

• **快乐的呕吐者 VS 骨瘦如柴的大哭者** 有些宝宝是开心的呕吐者，他们虽然喝了奶后也会吐，但并不会因此有什么不适，甚至他们还会觉得吐奶挺好玩的。这些宝宝也尤其让家长和医生放心，他们的饮食、睡眠和成长都很规律，平时也很少出现不舒服的情况。与这些宝宝相反，有些宝宝会在吐奶的时候大哭，看起来好像很难受，而且他们不仅吃的不多，吃进去的多半还会吐出来，因而体重的增长也会受到影响，所以这些宝宝被形象地称为"骨瘦如柴的大哭者"，如果你的宝宝出现这样的症状，一定要去看医生，接受相应的治疗。

🍵 幽门梗阻 ☕

另外还有一点家长们也要重视，即有些宝宝吐奶并不是因为下食道括约肌力量不足。这时候出问题的是位于胃部下方的幽门（其作用是帮助食糜排出胃部），这块肌肉一旦变得肥厚有力，反而不利于食物下行，1000 个宝宝里可能约有 3 个宝宝会出现这样的问题。在医学上，这种情况被称为幽门梗阻，发病宝宝的幽门会因增生变得非常狭窄，一般于出生后 3 ~ 6 周时出现症状。患病的宝宝会频繁呕吐，吐出大量呕吐物，而且呕吐冲击力较强，呈喷射式呕吐。这样的宝宝可不像是开心的呕吐者了，他们在呕吐的时候会相当痛苦。如果你怀疑宝宝患有幽门梗阻，一定要马上联系医生。

幽门梗阻有治愈的希望，对腹部进行超声波扫描能够判断宝宝是否患有幽门梗阻。不过确诊之后要做一个简单的外科手术，只有这样才能保证食物能够畅通无阻的通过胃部，向下行进。

·**测量体重**　那么对于一个吐奶的孩子，他的体重究竟能增长多少呢？这也是个家长们也不能掉以轻心的问题。因为宝宝体重的增长幅度最能反映宝宝吐奶程度。所以从宏观上来看，各位家长们真正应该去关注的不是孩子到底吐了多少奶，能让大家紧张的时刻应该是给孩子称体重的那个瞬间。所以先抛开其他干扰因素不谈，要想知道孩子吐多少奶他的身体才能承受得住，你可以从两个关键方面来判断，一为孩子吐奶时的严重程度，一为孩子的生长曲线。

·**估计吐奶量**　人类的一大本性就是常常高估自己的损失，在吐奶这件事上也是一样，真可谓是屡试不爽。如果我们跟你说，只要小小的一口奶就能迅速晕成一大块奶渍，你一定会很惊讶吧。要是你不信，想要亲自试一试，可以准备几杯不等量的奶——一汤匙的容量约为 4 盎司，然后分别倒在干毛巾上，观察每一次晕开的奶渍有多大。而且你可别忘了，就算是同样的奶量，一旦是在孩子吐奶的时候，整个的情形看起来会更加糟糕。各位家长，你还会坚信孩子吐奶以后肚子里就一点儿奶也不剩了吗？所以再遇到孩子吐奶先别急着担心紧张，赶快向儿科医生取取经才是良策。

🍵 吐出的奶中有奶块 🍵

　　如果宝宝吐出来的奶就像变质了的牛奶一样，里边有结块，还伴随着酸臭味，家长用不着因此而惊慌。因为牛奶在胃酸的作用下会结块，虽然新手父母看到这个会很不安，但这都是正常的现象。就算孩子吐出来的奶是非液态的，不管它形状如何，有什么味道，都跟吐液态奶没什么两样。

如何解决吐奶问题

我们都希望把吐奶问题速战速决，但对绝大多数宝宝来说，这真的只能靠时间来解决。但不管宝宝的吐奶问题是需要继续观察还是需要进行治疗，这里我们还是为大家准备了几条喂奶小贴士，至少能帮助大家解决眼前的危机。

• **喂奶应少量多次**　面对一个吐奶的宝宝，最好的方法是把他看成一个需要往里充气的煤气罐。如果你往里"充"的太满太快，你可能会喷自己一脸。所以要想避免喂奶过多，秘诀就少量多次。

• **多拍嗝**　如果你的宝宝经常吐奶，还有可能是她胃里多余的气体在捣鬼。这些气相当恼人，一旦它们外边包裹的气泡破裂，气体就会逸出，马上把胃里的剩余的空间占满。所以为了排出这些气体，不管在喂奶中间还是喂奶过后，都要尽可能多得给宝宝拍嗝。

• **减少胃部的压力**　如果让宝宝吃完饭就趴着，胃受到了挤压，里边的食物也会跟着运动，如此就加大了呕吐的概率。虽然趴着对宝宝来说很重要，但吃完饭后可以先让宝宝的上身保持直立 20 ~ 30 分钟，然后再让他趴着，这招用来防止吐奶可真是既简单又有效。至于在这段时间里，宝宝究竟是应该倚在婴儿秋千里还坐在儿童座椅里，关于这两者之间的讨论一直就没有停止过，有些人说如果直立坐着，在重力的帮助下，宝宝就不大可能会吐奶，可另一些人却觉得直立坐着反而会增加宝宝胃部所承受的压力，促使宝宝吐奶。所以我们建议大家把两种方法都试一下，看看到底哪种方法管用。

• **配方奶粉**　如果你的宝宝喝的是配方奶，那吐奶还有可能是这种配方奶引起的。在宝宝们一杯杯地喝配方奶的时候，虽然表面上没什么问题，既没有出现过敏，也没有表现不耐受，但一项统计显示，约有 5% 的宝宝并不擅长消化牛奶和大豆配方奶粉中的蛋白质（这种情况称为牛奶 – 大豆蛋白不耐受 milk-soy protein intolerance，简称 MSPI）。宝宝吐奶也是针对这两种情况的提示，告诉你应该去和儿科医生讨论讨论，看看应该换哪种配方奶粉。如果宝宝真的有不耐受，你可以去商店里购买专为不耐受研制的无添加低敏（水解）配方奶粉，让宝宝先喝一两周试试，看看他们能不能接受这种奶粉。

• **加一点点婴儿米粉**　对于还不到 4 ~ 6 个月的宝宝，我们一般不推荐吃婴儿米粉，不过有一种情况可以例外。这种例外可不是为了让孩子多睡觉，这么做是为了减少回流。虽然这不是解决问题的良方，但配方奶在和婴儿米粉混合以后会变得更厚重，这样宝宝回流的奶量也会相应地减少一些。在儿科医生允许的前提下，你可以试试这种简单的方法，在 2 ~ 4 盎司的配方奶中加入一勺婴儿米粉，你也可以另买标有"吐奶宝宝（for spit-up"）"或是"AR"（表示奶粉中已添加米粉，专为抗逆流研制）的特制配方奶粉。

看医生

如果你在尝试了所有基本的喂奶技巧后依旧没有效果，一定要和儿科医生聊聊你之前的做法。你可以带着宝宝去医生那里做检查，研究一下宝宝消化道的情况，来帮助你判断宝宝食管回流的严重程度，决定接下来要采取的措施。儿科医生也会根据你的描述和检查结果为你推荐药物，帮宝宝治疗食管回流，减少胃内的胃酸，同时治疗因回流引发的其他症状。

Chapter 38
让窒息一边去

　　我们既不知道为什么孩子一吃棒棒糖或是普通的硬糖就开始上蹿下跳、到处乱跑，也搞不懂为什么他们吃东西的时候喜欢咬上一大口，而且不咀嚼直接就咽下去。但我们知道，窒息对每个孩子来说都会是一场噩梦。父母们要竭尽所能，保证孩子们的呼吸道畅通无阻。在小儿窒息的案例中，食物是常见的窒息物之一，对四五岁以下的孩子来说，食物是最大的威胁。

　　以下我们将为你介绍可能将孩子置于危险之中的关键因素，让你在遇到宝宝窒息的时候知道如何去应对。希望能借此让孩子远离窒息的阴影，安全地吃饭。

🍲 食管中的大战 🍵

　　从解剖学上来讲，气管负责将空气由咽喉后部输送到肺部；而食管则位于气管之后，负责将食物或饮料由咽喉后部输送到胃里。在其二者的交汇处有一块小软骨（学名为会厌），这块小软骨的角色类似于看门人，负责保证固体、液体和空气各行其道，互不干扰。所以一旦食物走岔了路，就会出现窒息：它没有正常地进入食道，反而是拐进了气管里，随着它向里推进，气管便被阻塞了。

进餐里程碑：防窒息机制

• **呕吐——防窒息反射** 呕吐反射是婴儿生来就具备的反射之一，而它的终极任务就是为呼吸道服务，保护呼吸道的畅通。虽然一开始面对突如其来的呕吐（比如宝宝正在开心的吮吸着母乳或是捧着奶瓶大喝的时候），你可能会惊慌失措，但如果你知道这是他的防窒息机制在正常的发挥作用时，你一定会长舒一口气，心甘情愿地拿起抹布去收拾。

• **舌头推力反射** 除了恰到好处的呕吐反射，宝宝在 4 至 6 个月的时候就会具备舌头推力反射或是"挤压"反射，这项反射很重要，能够帮助宝宝把"走"错位置的辅食给推出去。所以在宝宝能吃辅食之前，如果你禁不住诱惑，想用勺子给他喂点儿米糊，那就做好被吐一脸的准备吧。

• **何时用牙** 虽然宝宝在 6 ~ 8 个月的时候才会长出第一颗牙，但第一磨牙得等到 10 ~ 16 个月的时候才会开始露头。而且即使磨牙冒出来了，要想让它真正发挥咀嚼研磨的作用还得再等一段时间。等到了那时，宝宝娇嫩的牙床和小牙齿才能吃一点软和的辅食，但也仅此而已。

• **常识** 等到孩子长到三四岁的时候包括后磨牙在内的所有牙齿全部冒出。这时候理论上来讲，孩子就能够进行较好的咀嚼，安全地进行吞咽。在这个阶段，虽然我们给他们准备的饭菜和大一点儿的孩子以及成年人并无太大区别，但对他们来说，最重要的防窒息机制依旧存在漏洞，需要继续完善。那到底缺少的是什么呢？是众所周知的常识。所以直到孩子不会再在吃饭的时候分心，渐渐地开始对在吃饭的时玩的游戏不再上心的时候（如"看看谁往嘴里填的饭更多"或是"谁吃得快就给的多"），家长们都得一直保持警惕，以防孩子窒息。

预防呕吐和窒息

掌握主动权才能够最大限度地预防呕吐和窒息，对于那些可能带来麻烦的食物或是习惯，家长们要先多去了解情况，再采取手段进行干预。

· **吃饭时要监督**　就算宝宝可以自己好好坐着，不用你再一勺一勺的给他喂饭，但他在吃饭的时候你还是得仔细看着，要确保他们的安全才行。

> ☕ **"快看我嘴里"** 🥛
>
> 　　随着孩子幽默感的逐渐养成，你会发现这些即将上学的孩子或者是再小一点儿的孩子为了让你生气，特别喜欢在吃饭的时候张嘴让你看，有的时候甚至还会假装呕吐。遇到这种情况，在确认了孩子不是真的窒息之后，对他这种吃饭的时候喜欢张嘴让人看的习惯，你一定要表现的无动于衷，孩子慢慢地也会对这种恶作剧丧失兴趣。

· **把食物切成小块**　宝宝们不仅仅眼大肚子小，而且他们的气管也很狭小。所以相比于宝宝的气管，有些食物就显得尺寸超大，注定要霸占窒息危险品列表的头几位。这里面最臭名昭著的包括各种葡萄、热狗、胡萝卜片以及硬糖。另外还有一些食物小且硬，可能不容易咀嚼，如苹果、坚果以及一些比较柴的肉块。所以我们建议大家，只要有可能，在给孩子准备小到足以通过卫生纸筒的食物时，一定要多留意，孩子在吃的时候，你一定要在一旁仔细盯着。所有尺寸过大的食物在给孩子吃之前一定要切成小块。喂葡萄的时候至少应该在中间切成两半，而热狗则需要先纵向剖开，然后再切成小片。

· **软化食物**　对于一些比较硬、不好吞的食物（如胡萝卜、菜花、西蓝花、面条甚至米饭），你可以把把它们蒸、煮、打成泥或是捣烂，如此一来，你也能对孩子所吃的饭菜进行更好的管理。

• **一次只吃一小口**　有些孩子急着吃，便匆匆忙忙地咬下一大口，可他们的小嘴却又嚼不过来，便弄得两个腮帮子鼓鼓的，活像是要存粮过冬的花栗鼠。即使有个别孩子咬了这么一大口也能够顺顺利利地咽下去，但不管吃的是什么东西，如果嘴里填得太满，窒息的风险就会相应的增加。所以如果你觉得宝宝自己不能掌控吃饭的节奏，可以试试每次少给他点饭。

• **少吃黏性零食**　对于这些刚刚出生的吃货们来说，棉花糖、小熊橡皮糖、水果软糖卷、奶酪块、口香糖和花生酱这几种食物都有可能粘在他们的上颚或是咽喉后部，引起气管阻塞。

• **不要用筷子喂饭**　用筷子给孩子喂饭的时候要格外留意，一定要让孩子先坐好了，然后再开始喂，否则一旦你没夹住，东西掉了，就可能引发相当严重的事故。

• **划定吃饭的地方**　我们大人吃饭的时候能够好好坐着，所以噎着或呛着的概率就会很低。但孩子们可不一样，他们尤其喜欢在吃饭的时候干其他事情，如跳舞、唱歌、大笑、玩耍、爬行、走路或是跑步等等。所以家长们务必要专门划出一个吃饭的地方，要求孩子们吃饭的时候只能待在这块区域里。

• **安全不允许心软**　要正确地看待有害食品。不管孩子是哭闹着讨要，还是可怜的哀求，你也不能因此动摇决心。一旦涉及安全问题，就更加不能心软。

🍜 乘车时不喂食 ☕

　　在行驶的车上，如果孩子又哭又闹，很多家长就特别想给孩子喂点东西，哄哄他们，但就算这时孩子被安安稳稳的固定在儿童座椅里，一旦在吃的过程中出现呕吐或是窒息，不管是司机还是一旁的大人都很难或者说不可能迅速做出正确反应，也不可能去进行安全的处理。所以在乘车时给孩子喂东西吃是一个不明智的选择。

随时准备应对突发情况

虽然家长们都应该尽量持乐观的态度，但也要准备随时面对最坏的情况。即使你采取了一切必要的防范措施，但你要是觉得能够保证孩子的餐盘（或是他的玩具箱）里没有能让他窒息的食物，那可就太不现实了。我们确信，在窒息发生的时候，更为关键的是能够迅速有效地采取措施，只有这样才能够保证窒息得到解决。也正是出于这样的原因，对于美国儿科学会建议所有的家长和护理人员参加基本急救课程（一般可从美国心脏协会接受教育）或婴儿/儿童心肺复苏课程（由美国红十字会等机构提供），我们深表赞同，因为你所学习的技术可能会挽救一个生命！

🍲 吃东西时不许说话 🍵

每一位家长肯定都会要求孩子不准在嘴里吃着东西的时候说话，这条规矩就算没被重复一百遍，但各位肯定至少说过一次，但这条餐桌礼仪在一个很重要的情况下可以例外：如果孩子（或是成年人）在噎住的时候依然能够说话，那就是个好现象，这至少能够说明气管没有被彻底卡住。

用手捏住喉部是表示窒息的公认手势，但小孩子们却不知道这个，认识到这一点对家长们来说也很重要。因为这样一来，你就得了解其他一些表示窒息的症状或是行为。窒息的时候，除了不能交谈，其他的症状包括：

- 呼吸困难。
- 呼吸声、喘气声粗重，有时吸气声会像哨声一样尖锐。
- 无力地咳嗽。
- 面色发青。
- 失去知觉。

Part 7

结语

　　我们一直奉行一个理念，那就是为人父母，在教育孩子的问题上一定要实事求是。因此我们感觉有必要在本书的最后一部分，对此做一个充分的阐释。

　　本书出版以后，很多人都从中受益。例如，杰尼弗开始学着给孩子准备一些天然、有机、安全、不含防腐剂的鸡块和热狗，并切成小块，以方便孩子吞咽。虽说当时孩子还不满5岁，他就已经能够乖乖吃饭了。再如，劳拉的丈夫也心甘情愿地承担起了供养一个五口之家的责任，买菜做饭啊，预定晚餐啊，他把这些都当成了分内之事。而到现在，5年过去了，孩子大了，父母处理起家庭琐事更为得心应手了，也学会给孩子均衡营养了。然而有些时候，他们还是吃得很不健康，并美其名曰这是为了给本书的第2版增加素材。哈哈，他们无非是想在第2版书中看到更多和营养和烹饪相关的内容吧。

　　然而要鱼与熊掌兼而得之谈何容易，而且也不现实。人无完人，做父母的也无须追求完美。其实在我们看来，营养知识也好，烹饪技巧也罢，世上本没有这些东西，本书也并非旨在说明这些内容。我们只是把一些爆发食物战争的常见原因罗列于此，供大家参考，希望大家能从中获得启发，防患于未然。切记，贪多嚼不烂。

　　在吃饭这件事上，要平心静气，不要动不动就发火，必要的时候妥协一下也是可以的。在本书创作和修订之初就曾列举过很多例子，它们都表明食物战争一旦爆发，很可能彻夜也不会停息。大家回想一下，是这么回事吧。要让孩子养成健康的饮食习惯，一定要对孩子循循善诱。这需要耗费时间、耐心、毅力，走点弯路、犯点错误也是在所难免的。当大家把该说的都说了、该做的也都做了的时候，一定会为自己的劳动成果感到骄傲的。

丰富的资源

"我的餐盘"（MyPlate）

　　膳食指南从 19 世纪就开始崭露头角，但是直到 20 世纪 60 年代，食物金字塔理论才真正成形。作为当代的潮爸潮妈，五花八门的食物金字塔伴随着我们长大，我们对它并不陌生。食物金字塔是为应对人的生理特征而绘制的一个黄金三角，分为数层，每一层都有不同的食物，并用不同的长度表示出人体对不同层数的食物的需求量。后来这些食物层变成了垂直状，有点像带条纹的马戏团帐篷，但是其基本概念没变，一直为人们所沿用。然而好景不长：2011 年年中，"我的餐盘"（MyPlate）首次亮相国际便惊艳全场，并成功走进了千家万户。从此以后，昔日被誉为平衡膳食之创举的食物金字塔，便悄然成为了明日黄花。原因何在呢？因为若想把那些食物金字塔解释清楚实在是太费口舌了，况且大家普遍对此也不甚了解，实施起来有很大的困难。相比之下，"我的餐盘"更具视觉吸引力，使得它所蕴含的重要营养信息更易于理解。

　　拿最常见的餐盘来说事，并不是什么惊天动地的创举，但它的确代表了我们多年来推崇的一种饮食模式。要实行"我的餐盘"计划，首先要把你所要吃的食物都放到一个盘子里，然后根据不同种类把食物划分成不同分量。其中，水果和蔬菜占一半，肉类／蛋白质和谷物（最好是全谷物）各占 1/4。日常饮食中也不能忘了补钙（和其他重要的营养物质），盘子边上记得放杯牛奶。要多吃些水果和蔬菜，还要适当吃些全谷物和瘦蛋白——虽说我们对于这些早已烂熟于心，但是不可否认的是，一张图会胜过千言万语。换言之，新餐盘的图解更易于理解，拿它和人们自己的餐盘作比较，更容易得出直观的结论：餐盘里是否缺少水果了？哪次吃饭又没有吃蔬菜了？这些问题会一目了然。

理虽如此，人们却不一定会照做。因为人的思维跟行动经常是不一致的，有些事明知该做却不那样做，就像在饮食方面，有些东西明知该吃却不吃。要实行"我的餐盘"计划，重要的不是看懂那些花花绿绿的图片，而是要通过仔细观察，找出自己餐盘存在的问题。然而可能一上来就会遇到瓶颈：很多美国人吃饭压根就不用盘子，吃餐点不用盘子，吃快餐也不用盘子（他们经常用快餐来对付自己的肚子）。

所以当吃餐点和快餐的时候，只需做一个小的改变——用盘子把它们盛起来，并要求孩子（和你一起）坐下来吃掉，养成这样的习惯。长此以往，上述情况就会得到改善。按照新版"我的餐盘"的要求，把这种习惯坚持下去。渐渐地你就会发现，你吃的快餐和垃圾食品会越来越少，因为"我的餐盘"根本就没有给它们留余地。

下面我们再来说另外一个关于大号餐盘的问题。这些年来，汽水瓶变大了，百吉饼变大了，杯子和碗也都变大了，正如这些东西一样，餐盘的尺寸也在变得越来越大。研究表明，餐盘越大，盛在里面的食物分量往往也会越多。而盘子里的食物分量越多，我们就越有可能会暴饮暴食。因此，为了避免暴饮暴食，不妨考虑换个小巧一点的盘子。这样的话你很容易就能填满它，又怎怕食物会超量呢？

最后，我们想说，以"我的餐盘"指导饮食，将给你带来很多好处，开启一种全新的饮食模式。许多人似乎对三餐应该吃什么有很多先入为主的观念。有的人在晚餐（或午餐）中按照推荐的比例吃了水果、蔬菜、谷物以及蛋白质，就以为已经完成了营养目标。殊不知，在早餐中也该同样均衡膳食。

基于上述原因，我们强烈向大家推荐"我的餐盘"。祝你身体倍儿棒、吃嘛嘛香！

www.choosemyplate.gov

营养素常识

营养素指的是食物中所有可以给人体提供营养物质的化学成分，它由多种物质构成。究竟应该怎样定义"营养素"这一术语，争论从未停止过。所以我们认为最好按照其组成成分把它拆分开来，你才会真正理解每天和你打交道的营养素究竟是什么。从学术上讲，营养素主要分成两大类：宏量营养素（人体需求量较大）和微量营养素（人体需求量较小）。蛋白质、碳水化合物和脂肪这3种为人们所熟知的主要食物成分，都属于宏量营养素；而维生素和矿物质等人们能想到的其他营养素，实际上都属于微量营养素。微量营养素对人体的意义非比寻常，它在维护人体机能、促进儿童成长和正常发育中扮演着重要角色。然而，我们通常只需要少量的微量营养素便足矣。

宏量营养素

■ 蛋白质

蛋白质一种复杂化合物，它是由构成机体的基本元素氨基酸组成的，能帮助完成细胞的修复与更新。蛋白质负责构成肌肉组织、骨骼、器官和免疫系统。蛋白质的主要营养信息如下：

• **蛋白质中的热量** 1克蛋白质含有4卡路里热量。一般建议人体从蛋白质中获得的热量占每日热量摄入总量的10% ～ 35%。

• **必需氨基酸** 指人体必需而机体又不能合成的，必须从食物中摄取的氨基酸，它是一种重要的营养素。

• **完全蛋白质** 含有 9 种必需氨基酸，常见于动物性食品中，如肉、禽、蛋、牛奶和其他乳制品。大豆蛋白也属于完全蛋白质。

• **不完全蛋白质** 所含必需氨基酸种类不全，常见于其他豆类、坚果、种子和大米。

☕ 每日蛋白质建议摄入量[1] 🍵

年龄	蛋白质摄入量（克/日）
1～3 岁	13 克
4～8 岁	19 克
9～13 岁	34 克
14～18 岁（女孩）	46 克
14～18 岁（男孩）	52 克

体重每增加 1 千克，每日蛋白质摄入量增加 1 克

中国营养学会建议

0~6 个月	9 克/日（AI）
7~12 个月	20 克/日（RNI）
1~2 岁	25 克/日（RNI）
3~5 岁	30 克/日（RNI）
6 岁	35 克/日（RNI）
7~8 岁	40 克/日（RNI）
9 岁	45 克/日（RNI）
10 岁	50 克/日（RNI）
11 岁	男孩 60 克/日
	女孩 55 克/日
14~17 岁	男孩 75 克/日
	女孩 60 克/日

■ 碳水化合物

碳水化合物由许多食物（包括面包和糖）组成，是为人体（尤

其是大脑和神经系统）提供能量的主要物质之一。碳水化合物主要分为两类：简单碳水化合物和复杂碳水化合物。

• **碳水化合物中的热量**　1 克碳水化合物含有 4 卡路里热量。一般建议人体从碳水化合物中获得的热量占每日热量摄入总量的 40%～60%。

• **简单碳水化合物（包括糖）**　常见于天然的食物，如水果、蔬菜和乳制品；也会添加到加工食品中。

• **复杂碳水化合物**　常见于全麦面包、谷类、含淀粉的蔬菜和豆类。

• **复杂碳水化合物和天然的简单碳水化合物**　都优于精炼糖，常被用于食品和糖果加工。

■ **脂肪**

首先我们必须纠正一个观点，并不是所有的脂肪都是对人体有害的。事实上，脂肪是健康饮食必不可少的一部分，它能够为人体提供能量，在很多方面起协助作用，如促进凝血功能和大脑发育，促进某些维生素的吸收等。然而，有的脂肪是有益的，有的脂肪对人体却并不怎么有益。例如，过多的不健康脂肪（饱和脂肪和反式脂肪）会导致心脏病和其他慢性疾病。

• **脂肪中的热量**　1 克脂肪含有 9 卡路里热量。一般建议人体从脂肪中获得的热量不超过每日卡路里摄入总量的 35%。与蛋白质和碳水化合物相比，等量的脂肪中含有的热量明显偏高。

• **不饱和脂肪**　通常被誉为更健康的脂肪，它分为单不饱和脂肪和多不饱和脂肪两类。这两类脂肪常见于鱼油、玉米油、豆油和菜籽油等液体油。

• **ε 脂肪酸**　也是一种不饱和脂肪酸，由于它对心脏健康和免疫功能有着非常重要的作用，所以被单独列了出来。这就是为什么那些富含此类脂肪的食物总是会在标签上大肆吹捧此点，以招徕顾客。

• **饱和脂肪** 被归于不健康的脂肪范畴。2010 年美国农业部门发布的膳食指南，建议国民对饱和脂肪的摄入量不超过其日常热量摄入总量 10%。

• **反式脂肪** 避之唯恐不及，最好碰都不要碰。

微量营养素

人体对微量营养素的需求量并不大，所以只要饮食多样化，获取足够的微量营养素并非难事。这就是为什么人们大可不必在补充维生素上大费周章。若想健康饮食，避免食物战争，无须服用多种维生素补充剂，均衡膳食足矣。但有少数例外情况，这些情况也不容忽视。特别是孩子正在长身体的时候，普通的饮食并不能满足孩子的所有营养需求。2010 年美国农业部门发布的膳食指南建议，国民应当多摄入膳食纤维、钾、钙和维生素 D 这四种营养素。同年，美国儿科学会（AAP）临床报告强调，铁元素对儿童的成长至关重要，要适当给孩子补铁。因此，接下来我们将重点介绍这 5 种营养素，给读者提供一个饮食参考。

■ 膳食纤维

膳食纤维实际上来源于植物中不可消化的部分，所以严格来说，并不能称其为微量营养素。然而，它却为人体所必需。因为它对人体有重要的作用，如帮助消化、防止便秘等。膳食纤维还可以帮助控制体重，因为纤维素对胃有填充作用，可以使人产生饱腹感；它也有助于降低胆固醇，预防心脏病和某些癌症。富含膳食纤维的食物包括燕麦麸、全麦食物、爆米花、豌豆和黄豆；富含膳食纤维的水果包括梨和苹果（带皮吃）、草莓、香蕉和葡萄干等。即使是儿童即食麦片中也加入了纤维素。对一些儿童来说，要让他们每天摄入足量的膳食纤维，实在是有些困难。好在有补救办法：服用膳食纤维补充剂。比如纤维软糖，每粒纤维软糖中含有 2 克膳食纤维。

■ 钾元素

钾元素是一种电解质，它是一种人体不可或缺的化学元素，有助于维持心律正常、稳定血压、维持血糖平衡，并促进骨骼生长。如果人体缺乏钾元素，其患肾结石、肌无力和心脏病的风险就会增加。富含钾元素的食物包括：所有的畜类、禽类以及鱼类（比如鲑鱼、鳕鱼、比目鱼和沙丁鱼）。含钾元素的蛋白质制品包括牛奶（强化型）、坚果和豆制品；含钾元素的蔬菜包括西蓝花、豌豆、青豆、西红柿、土豆（尤其是土豆皮）和红薯；含钾水果包括香蕉、柑橘、甜瓜、杏、李子和猕猴桃。

🍜 每日钾元素建议摄入量表* 🥛

年龄	钾元素摄入量（克/日）	中国营养学会建议
6个月以下婴儿	0.4 克	0.35 克
7～12个月	0.7 克	0.55 克
1～3岁	3 克	0.9 克
4～8岁	3.8 克	1.2 克（4~6岁）
9～13岁	4.5 克	1.5 克（7~10岁）
14岁及以上	4.7 克	1.9 克（11~13岁）
		2.2 克（14~17岁）

*资料来源：医学研究所（美国）

■ 钙

钙元素因能强健骨骼而享有盛名，但是它对人体还有几个鲜为人知（但是同样重要）的作用，比如促进肌肉运动和血液流通，并促进神经给大脑和身体其他部位传递信息等。某些特定的人群尤其容易缺钙，比如9～18岁的小女孩，以及50岁以上的女性和70岁以上的男性。除了这些特定的人群，那些不喝牛奶的儿童（包括自身讨厌喝牛奶以及平常喝不上牛奶的儿童）也应该从其他食物或者补充剂中补充钙元素。

🍚 食物中的钙元素含量比较表 ☕

食物来源	食物份量	钙含量（毫克）
高钙豆奶	1 杯	300
酸奶	1 杯	300 ~ 415
高钙橙汁	1 杯	300
切达奶酪	1.5 盎司	300
奶酪披萨	1 片	220
奶酪烤通心粉	0.5 杯	180
冰淇淋	0.5 杯	88
浓缩威化饼干	4 英寸	77
橙子	1 个（中等大小）	50
即食麦片	1 盎司	48
红薯泥	0.5 杯	44
咀嚼型钙片	1 片 / 咀嚼	100 ~ 500[+]

■ 维生素 D

维生素 D 对促进骨骼钙化和生长有很重要的作用，对神经系统、肌肉组织和免疫系统的机能也有很好的帮助。因此，在膳食中摄入足量的维生素 D 是至关重要的。但要做到这点并非易事，原因显而易见：几乎没有什么食物含有维生素 D。1 岁以下的婴儿每天的维生素 D 摄入量应为 400IU，1 ~ 70 岁 600IU，70 岁以上 800IU。尽管每天晒晒太阳就能获得充足的维生素 D，但其会有晒伤皮肤的副作用，因而这一方法也并不十分可取。

■ 铁元素

据报道，美国约有 10% 的人体内铁元素含量偏低，因此父母应当特别注意孩子日常饮食中铁元素的摄入。铁元素是一种化学元素，存在于红细胞、蛋白质和酶中，主要负责为组织供氧。铁元素不足会导致血浓度偏低，也就是人们常说的缺铁性贫血，简称贫血。众所周知，贫血会导致人体疲劳、注意力不集中、免疫力下降等症状。在美国儿科学会 2011 年发布的一份临床报告中

🍜 膳食中的维生素 D 含量表 🍵

食物来源	食物份量	IU(国际单位)
加强型牛奶	1 杯	100
鱼肝油	1 汤匙	1400
富含维生素 D 的橙汁	1 杯	100
三文鱼	3 盎司	450
金枪鱼	3 盎司	150
蛋黄	1 大颗	40
酸奶，其中的维生素 D 含量占每日维生素 D 建议摄入量的 20%	6 盎司	80
富含维生素 D 的人造黄油	1 汤匙	60
即食燕麦，其中的维生素 D 含量占每日维生素 D 建议摄入量的 10%	1 杯	40
维生素 D 咀嚼片	1 片 / 咀嚼	400 ~ 500+

有专家指出，孩子若在婴幼儿时期患缺铁性贫血，其智力、行为及发育很可能会受到影响，导致一系列问题，而这些影响很可能几十年后才会显现出来，缺铁的不良影响潜伏期可能会很长。考虑到这点，有必要尽早补铁，未雨绸缪。缺铁的高危人群包括：前 4 个月纯母乳喂养的婴儿、早产儿、低收入家庭儿童、墨西哥裔美国家庭儿童以及有一定特殊保健需求的孩子。美国儿科学会建议，4 个月及以上纯母乳喂养的婴儿，体重每增加 1 千克，铁元素摄入量增加 1 毫克。6 ~ 12 个月的婴儿，每天摄入铁元素11 毫克；1 ~ 3 岁的幼儿，每天摄入 7 毫克（中国营养学会建议1~3 岁每日摄入 9 毫克）。最好从食物中获取铁元素。富含铁元素的食物包括：牛羊肉，强化型麦片，富含铁元素和维生素 C 的水果、蔬菜（因为维生素 C 利于人体对铁元素的吸收）。

🍵 每日营养目标 🍵

　　究竟该怎样补充营养，大家众说纷纭，要记住所有的细节谈何容易。因此我们提炼出一些基本数据，以方便读者记忆，希望能助你达成营养目标。

- 蛋白质：体重每增加 1 千克，蛋白质摄入量增加 1 克。
- 脂肪：幼儿每天 20 毫克，青少年和成年人 60 毫克。
- 膳食纤维：
  ——2 ～ 3 岁：19 克
  ——4 ～ 8 岁：25 克
  ——9 岁及以上：25 ～ 38 克
- 糖类　不超过 3 茶匙（12 克），成人每天最多为 9 茶匙（36 克）
- 盐类：1 ～ 3 岁不超过 1.5 克，4 ～ 8 岁不超过 1.9 克，9 ～ 13 岁不超过 2.2 毫克，14 岁以上不超过 2.3 克

🍵 食物铁元素含量对照表* 🍵

食物来源	铁元素含量（毫克）	食物来源	铁元素含量（毫克）
100% 加强型即食麦片	18	3½ 盎司火鸡鸡腿肉	2
强化型燕麦粥 1 杯	10	3½ 盎司火鸡鸡胸肉	1.5
3.5 盎司鸡肝	13	1/2 杯葡萄干	1.5
1 杯大豆	8.8	3½ 盎司鸡腿肉	1.3
1 杯扁豆	6.6	3 盎司鸡胸肉	1.1
1 杯黑豆或斑豆	3.6	3 盎司大比目鱼	0.9
1/2 杯老豆腐	3.4	3 盎司蓝蟹	0.8
1/2 杯煮菠菜	3.2	3 盎司水浸白金枪鱼罐头	0.8
3 盎司瘦羊肉（里脊肉）	3	3 盎司猪里脊	0.8
3/4 杯蛤蜊	3		

*摘自国家（美国）卫生局膳食补充指南

从网页上获得营养信息

只要你知道从哪里能找到实用可靠的信息，健康和营养援助就会触手可及。下面就向大家推荐几个不错的网站。

• **美国儿科学会（AAP）** 这是一个消费者友好型网站，HealthyChildren.org 提供了丰富的儿科信息，还有介绍营养信息的专栏。体育运动跟健身对儿童的健康至关重要，所以一定要看一下该网站上的健身专区。

——www.HealthyChildren.org/nutrition

——www.HealthyChildren.org/fitness

• **美国农业部（USDA）** 美国农业部同时发布了两项营养标准参考指南，分别是 2010 年更新的国民膳食指南和 2011 年 6 月更新的"我的餐盘"——这两项标准都提供了海量营养信息。此网站还开发了一系列交互式工具，以帮助儿童、家长和准妈妈制定个性化饮食计划，记录日常饮食和体育运动，并可（通过用"MyPlate-a-pedia"）快速获取食物和热量信息。

—— "我的餐盘"和"交互式食物工具"网址：www.ChooseMyPlate.gov

• **美国过敏、哮喘与免疫学会（AAAAI）** 当你想知道自己对某样食物是否过敏时，首先想到的应该是美国过敏、哮喘与免疫学会，它会给你提供哪些适合家长和孩子吃的食物是否会导致过敏反应。它有一个过敏食物信息库，你只需输入你的城市名称或者邮政编码，就能找到当地的过敏症专科医师的相关信息并获得帮助。

——www.aaaai.org/patients

· **食物过敏症和过敏性反应网络（FAAN）** 这个组织的宗旨是提高公众对过敏症的注意力，提供相关援助和教育，并为那些受食物过敏症和过敏性反应影响的人做先进的科研。2011 年是这个组织成立的第 20 年，不管是过敏性科研、防过敏型食谱，还是提供支持的团队，为了防止花生（或其他食物）过敏特别制定的选购小技巧，此类现实的信息都会由此组织提供。

——http://www.foodallergy.org

培养饮食好习惯的儿童读物

你是否觉得越来越厌倦日复一日重复同样的事，你是否正为无法迎合孩子的饮食习惯而发愁？我们意识到，若父母们每次饭前都要解读和应用所有的育儿建议，那会有多么艰难。而在为孩子不吃饭发愁时，似乎都将你自己的育儿至理名言抛诸脑后。这就是为什么我们建议你要抽空讨论一下，谈谈自己的育儿经验，并且选择最简单的方式解决问题。不要再大肆囤积育儿书了，买一些好的儿童读物代替吧。父母们面临营养挑战是普遍的，儿童书作家站在父母的角度分析了造成喂养大战的原因，并且在研究这件事上，他们有足够多的洞察力，也更有心情去研究。虽然你若想找这类书籍一下就能找到一堆，但在这里我们先抛砖引玉，为你介绍几本。

■ 《*Eating the Alphabet*》

• 纸板书：28 页

• Red Wagon Books 1996 年出版

这是一本花花绿绿的书，它将带给孩子持续性的影响，并且是以一种极简便的方式介绍了以字母 A 到 Z 开头的蔬菜和水果。如果看了这本书，你就会在正确的方向上前进一大步。毕竟，据我们所知，能把每一个字母打头的水果和蔬菜名称叫出来的成年人少之又少。名字都叫不出来，更不用说吃了！

■ 《*Yum*》

• 纸板书：20 页

• Blue Apple Books 2006 年出版

🥣 早期识字教育的里程碑 ☕

为了让每个孩子拥有更好的饮食和阅读习惯，让孩子有个更健康的童年，以下我们就孩子早期识字教育的几个里程碑式的阶段，给父母们提供一些与读书相关的建议。*

•**6个月之前** 从娃娃抓起。读书不像饮食，没有孩子太小还不能给他读书这种说法。读的是什么不重要，重要的是与宝宝在一起的时间，所以尽情享受其中的乐趣吧！

•**6~12个月** 培养兴趣。在这个年龄段的婴儿总是把感兴趣的东西塞到嘴里。书籍也不例外。宝宝在这个时候，已经可以在你的腿上坐住了，能抓起一本书了，而她对书感兴趣的表现就是拍打，乱翻或是咬书页，这时候你就会发现木板书的好处了，因为它防口水的本事可是一流的。

•**1~2岁** 形成习惯。到这个年龄，宝宝们就能知道书除了用来放嘴里以外还有不少其他用途。她们一定会拿着书到你跟前，翻到正面，要你一遍一遍读给她们听，这时候你就可以把书中内容同现实生活经验联系在一起～如指着一幅画问些简单的问题，例如"豆豆在哪里？你能找到的豆豆吗？"你还没问完他们就开始回答你的问题了，还总要给你补充几句，并且找豆豆的过程都要念叨一遍。至于吃饭，不要指望宝宝能有长期的注意力，因为真正重要的是所花费时间的质量，而不是数量。

•**2~3岁** 读，再读，反复读。2岁的孩子对常规的事极其感兴趣，并且他们喜欢预知的能力，所以如果你的孩子不愿意尝试新东西，而是想一遍一遍读同一个故事，也就不足为奇了。如果现在已经养成睡前阅读的习惯，太棒了！这一习惯一旦养成，就要一直坚持下去。

*欲了解更多信息，建议你访问 www.reachoutandread.org

在读书时有的读者倾向于生搬硬套，而《Yum》为家长提供了了解书和一系列健康食物的完美方式。这本书总共 10 页，色彩丰富，且书页不易磨损。书中展示了几种食物的基本形状，还有食物模型可供孩子反复咬。这本书定会为你开启一种正确的方式，使你在孩子开始抵抗之前，就被阅读和食物所吸引。

■　《*The Very Hungry Caterpillar*》

•木板书：26 页

•Puffin Books 1994 年出版

这本书记录了一条贪吃的毛毛虫一周的生活。每天这条瘦小又饥饿的毛毛虫都吃水果，但它只是从水果的这一头啃到另一头，到了周末它还是很饿。当星期六来临时，它吃了一长串食物，多得令人震惊（一块巧克力蛋糕、一个冰淇淋、一个酸黄瓜、一片瑞士奶酪、一截萨拉米香肠、一支棒棒糖、一块樱桃馅饼、一段红肠、一个纸杯蛋糕和一片西瓜）。这条贪吃的毛毛虫带给孩子们很多乐趣，也为家长们提供了很多话题。如果你想强调故事中蕴含的哲理，就着重讲第七天发生的故事。小毛毛虫用良好的判断力思考过后，它控制了自己的饮食，第七天只吃了一片绿绿的树叶，之后它就感觉好多了。接下来发生的事，是有关毛毛虫生命周期的知识，对纠正孩子的饮食习惯并无用处。因为在故事结尾，这条瘦小的毛毛虫变成了一条大肥虫，之后又变成了一只美丽的蝴蝶！有趣的是，在 2011 年 3 月美国儿科学会加盟本书，印制了 2100 万册《好饿的毛毛虫》分发到儿童手中，以期通过此举促进人们对儿童阅读和健康饮食的重视。

■　《*How Do Dinosaurs Eat Their Food?*》

•精装：40 页

•The Blue Sky Press 2005 年出版

本书是获奖作品《*How Do Dinosaurs Say Good Night*》的续集，作者并未直接以孩子为主人公，而是通过邀请一个捣蛋的恐龙吃饭的故事，为孩子在餐桌礼仪中的表现做了强有力的辩护。孩子不再是被批评的中心，于是便会附和作者的观点，例如恐龙应该打嗝吗？应该往牛奶里吹泡泡吗？应该在晚餐时把豆子沾到鼻子上吗？毋庸置疑，在本书结尾时，孩子肯定会想恐龙应当更遵守礼仪好好吃饭。实质上，你只需坐下来读读故事，作者就把你的工作给做了。你只需动动嘴，把书中介绍的小朋友在饮食上应该做的和不应该做的读给他们听：从不表示感谢就接受别人的食物，到说"请"和"谢谢"，所有相关的内容都要读给他们。这一过程不但没什么压力，而且乐趣多多哦。

- 《*Froggy Eats Out*》
- 平装：32 页
- Puffin 2003 年出版

这本书为我们描述了在一个小蝌蚪的眼中，外出就餐对成年青蛙的意义。有一天，小蝌蚪的父母宣布他们一家三口晚上将到一家奢华的青蛙餐厅去吃饭，然后这三人就开始忙乎起来，开始为这一重要时刻做准备。小蝌蚪换上了干净的衬衣、袜子和鞋，甚至换了一条干净的内裤。然而，当他们在摆着蜡烛的桌前坐下时，小蝌蚪越来越清晰地意识到需要准备的实在是太多了——要把耳朵后面擦干净；父母不断提醒他"保持整洁，不要说话，别把腿放在桌子上"，这让小蝌蚪差点搞砸了父母的纪念日。幸运的是，这些青蛙家长比较善解人意，知道如何妥协，最后三个人开开心心地吃起了汉堡和苍蝇。

- 《*The Berenstain Bears and Too Much Junk Food*》
- 平装：32 页
- Ramdon House Books for Young Resders 1985 年出版

尽管这本书有些缺乏想象力，而且贝贝熊也没有被描绘成那样光辉的角色（话说回来，它本来也不是），但这本书把健康饮食变成了一家人的事。亚娜一家人一向很喜欢这本书，甚至劳拉的丈夫也喜欢！熊爸爸和小熊在沉溺于糖球和巧克力豆一段时间后，他们两个都长胖了。熊妈妈决定必须改变这种不良饮食习惯。接下来无非就是熊们如何改变饮食方式，锻炼，然后重获健康的故事。现在这本关于亲爱的贝贝熊的故事依然吸引着孩子们，他们会要你一遍一遍地读给他们听。

- 《*The Berenstain Bears Cook-It*》
  - 精装：24 页
  - Ramdon House Books for Young Resders 1996 年出版

我们承认，推荐这本书有点谋私利的嫌疑（因为副标题是"妈妈的早餐"）。这本书中有一部分我们觉得最好，你可以回头看看，妈妈过生日时，全家人为她准备了一份营养均衡的早餐，给了她一份惊喜。这本书也说明了我们坚信的一点：小熊（和孩子）在精心准备食物时，能够真正享受学习有关事物的乐趣。在为情势所迫，熊爸爸一反常态，甚至也记得告诉小熊一些基本的厨房安全知识，并且还告诉小熊在制作食物之前要先清洁一下。熊妈妈在吃饭时，熊爸爸和熊宝宝都陪伴在她身边，他们轮流讲家庭趣事，这样一来妈妈的早餐才是幸福美味的早餐。这是一本关于家庭成员分享愉快就餐时光的书。

- 《*Gregory, the Terrible Eater*》
  - 平装：32 页
  - Scholastic Raperbacks; reissue edition 1989 年出版

格雷的父母说他特别挑食，并且他的饮食习惯很令人厌恶。他拒绝像一头温顺的小羊一样乖乖吃饭，每次跟父母坐下来吃晚饭时，他就知道麻烦要来了。听到这里是不是觉得很熟悉了？因为作者米切尔·萨马特在处理本书的潜在主题时，把挑食者比作山羊，而山羊的原型就是孩子。即使你跟孩子在餐桌上很难达成一致，你也一定能看出这本书中的幽默——特别是当你发现格雷恳求给予的是（他的父母坚持认为他要的那些东西不适合羊吃）水果、蔬菜、鸡蛋、鱼、面包和黄油。Ram 医生提出了很多很有帮助的建议，例如，挑食的人需要学着慢慢养成健康的饮食习惯。格利高里的父母听从了他的建议，学着在餐桌上保持冷静，适当让步，他们家的餐桌终于又恢复了往日的宁静。

- 《*How Are You Peeling?Foods With Moods*》
  - 精装：48 页

• Arthur A. Levine Books 1999 年出版

如果你认为食物是否好吃跟它的烹饪方法有很大关系，那么本书将会成为你的良师益友。此外，本书作者的 Play With Your Food 系列丛书，Dog Food 和 Fast Food, 也会让你收获良多。利用高清摄像技术，加上源源不断的创意，以及排列整齐的豆子，这俩人使水果和蔬菜变得生机勃勃。本书中，橙子上长了眼睛，看起来非常真切，或是让香蕉或洋蓟看起来像是人类最好的朋友。用这些手段，作者跟儿童讲述情绪等等。而且，涉及食物游戏，这两本书都值得推荐。读读这些能让你笑出声来。

■ 《*Eat Your Peas*》
• 精装：32 页
• Abrams Books for Young Readers 2006 年出版

要是把这个故事的结局透露出啦，很可能就会毁掉这本书，我们可不想冒这个风险。但是我们想提醒一下各位家长，吃不了就不要做太多哦。这本书运用夸张的手法，表现了一些父母想让他们的孩子吃"有益于"他们的东西，但是也告诉人们这样一个道理："你说的并不重要，真正吃到嘴里的才重要。"

■ 《*Cookies:Bite-Size Life Lessons*》
• 精装：40 页
• HarperCollins 2006 年出版

怎样才算健康？孩子的生长曲线又该怎样起落？我们常常会太过关心此类问题，而忽略了食物很多其他的意义，仿佛只有怎样想办法让孩子坐下来吃饭以及搞清楚食物标签上究竟都有些什么内容才是最重要的。其实不然。面对一种食物，其中的卡路里含量固然值得我们关心，其背后蕴含的文化内涵也不容小觑。除却这个主题，本书以孩子和巧克力饼干为起点，介绍了饼干的制作、烘焙和享用过程，非常容易操作。其他食物制作起来也同样简单，孩子也会从中学习一些浅显易懂的人生道理。

■ 《*How to Eat Fried Worms*》

• 平装：128 页

• Yearling 1953 年出版

如果你的孩子总是感觉你放在他面前的食物再难吃不过了，那你就该看看这本经典的书了。书中主人公比利跟人打赌，说他15 天内能吃 15 条虫子。这样一来，比利可得好好想想如何挺过这一关了。尽管这本书是写给二年级阅读水平的小朋友看的，你还是可以在孩子会认读之前读给他听，这是很有趣的一本书。它将给你和孩子提儿个醒：（1）孩子经常会想吃什么就吃什么；（2）和菠菜一样，很多你想让孩子吃的东西对他们来说都难以下咽，甚至比菠菜更难吃。（3）不管什么食物，只要涂上番茄酱，它本身的味道就会被掩盖，取而代之的是番茄酱的味道。

世界卫生组织儿童生长标准（2006年）

男孩出生至24月龄身长标准表

（cm）

月龄	−3SD 轻度生长迟缓	−2SD	−1SD	0SD	+1SD	+2SD	+3SD 偏高
				正常			
出生	44.2	46.1	48.0	49.9	51.8	53.7	55.6
1	48.9	50.8	52.8	54.7	56.7	58.6	60.6
2	52.4	54.4	56.4	58.4	60.4	62.4	64.4
3	55.3	57.3	59.4	61.4	63.5	65.5	67.6
4	57.6	59.7	61.8	63.9	66.0	68.0	70.1
5	59.6	61.7	63.8	65.9	68.0	70.1	72.2
6	61.2	63.3	65.5	67.6	69.8	71.9	74.0
7	62.7	64.8	67.0	69.2	71.3	73.5	75.7
8	64.0	66.2	68.4	70.6	72.8	75.0	77.2
9	65.2	67.5	69.7	72.0	74.2	76.5	78.7
10	66.4	68.7	71.0	73.3	75.6	77.9	80.1
11	67.6	69.9	72.2	74.5	76.9	79.2	81.5
12	68.6	71.0	73.4	75.7	78.1	80.5	82.9
13	69.6	72.1	74.5	76.9	79.3	81.8	84.2
14	70.6	73.1	75.6	78.0	80.5	83.0	85.5
15	71.6	74.1	76.6	79.1	81.7	84.2	86.7
16	72.5	75.0	77.6	80.2	82.8	85.4	88.0
17	73.3	76.0	78.6	81.2	83.9	86.5	89.2
18	74.2	76.9	79.6	82.3	85.0	87.7	90.4
19	75.0	77.7	80.5	83.2	86.0	88.8	91.5
20	75.8	78.6	81.4	84.2	87.0	89.8	92.6
21	76.5	79.4	82.3	85.1	88.0	90.9	93.8
22	77.2	80.2	83.1	86.0	89.0	91.9	94.9
23	78.0	81.0	83.9	86.9	89.9	92.9	95.9
24	78.7	81.7	84.8	87.8	90.9	93.9	97.0

男孩出生至 24 月龄体重标准表

（kg）

月龄	−3SD	−2SD	−1SD	0SD	+1SD	+2SD	+3SD
	中度体重不足	轻度体重不足	正常				超重或肥胖
出生	2.1	2.5	2.9	3.3	3.9	4.4	5.0
1	2.9	3.4	3.9	4.5	5.1	5.8	6.6
2	3.8	4.3	4.9	5.6	6.3	7.1	8.0
3	4.4	5.0	5.7	6.4	7.2	8.0	9.0
4	4.9	5.6	6.2	7.0	7.8	8.7	9.7
5	5.3	6.0	6.7	7.5	8.4	9.3	10.4
6	5.7	6.4	7.1	7.9	8.8	9.8	10.9
7	5.9	6.7	7.4	8.3	9.2	10.3	11.4
8	6.2	6.9	7.7	8.6	9.6	10.7	11.9
9	6.4	7.1	8.0	8.9	9.9	11.0	12.3
10	6.6	7.4	8.2	9.2	10.2	11.4	12.7
11	6.8	7.6	8.4	9.4	10.5	11.7	13.0
12	6.9	7.7	8.6	9.6	10.8	12.0	13.3
13	7.1	7.9	8.8	9.9	11.0	12.3	13.7
14	7.2	8.1	9.0	10.1	11.3	12.6	14.0
15	7.4	8.3	9.2	10.3	11.5	12.8	14.3
16	7.5	8.4	9.4	10.5	11.7	13.1	14.6
17	7.7	8.6	9.6	10.7	12.0	13.4	14.9
18	7.8	8.8	9.8	10.9	12.2	13.7	15.3
19	8.0	8.9	10.0	11.1	12.5	13.9	15.6
20	8.1	9.1	10.1	11.3	12.7	14.2	15.9
21	8.2	9.2	10.3	11.5	12.9	14.5	16.2
22	8.4	9.4	10.5	11.8	13.2	14.7	16.5
23	8.5	9.5	10.7	12.0	13.4	15.0	16.8
24	8.6	9.7	10.8	12.2	13.6	15.3	17.1

男孩出生至 24 月龄 BMI 值

月龄	−3SD 消瘦	−2SD 偏瘦	−1SD	0SD 正常	+1SD	+2SD 超重	+3SD 肥胖
出生	10.2	11.1	12.2	13.4	14.8	16.3	18.1
1	11.3	12.4	13.6	14.9	16.3	17.8	19.4
2	12.5	13.7	15.0	16.3	17.8	19.4	21.1
3	13.1	14.3	15.5	16.9	18.4	20.0	21.8
4	13.4	14.5	15.8	17.2	18.7	20.3	22.1
5	13.5	14.7	15.9	17.3	18.8	20.5	22.3
6	13.6	14.7	16.0	17.3	18.8	20.5	22.3
7	13.7	14.8	16.0	17.3	18.8	20.5	22.3
8	13.6	14.7	15.9	17.3	18.7	20.4	22.2
9	13.6	14.7	15.8	17.2	18.6	20.3	22.1
10	13.5	14.6	15.7	17.0	18.5	20.1	22.0
11	13.4	14.5	15.6	16.9	18.4	20.0	21.8
12	13.4	14.4	15.5	16.8	18.2	19.8	21.6
13	13.3	14.3	15.4	16.7	18.1	19.7	21.5
14	13.2	14.2	15.3	16.6	18.0	19.5	21.3
15	13.1	14.1	15.2	16.4	17.8	19.4	21.2
16	13.1	14.0	15.1	16.3	17.7	19.3	21.0
17	13.0	13.9	15.0	16.2	17.6	19.1	20.9
18	12.9	13.9	14.9	16.1	17.5	19.0	20.8
19	12.9	13.8	14.9	16.1	17.4	18.9	20.7
20	12.8	13.7	14.8	16.0	17.3	18.8	20.6
21	12.8	13.7	14.7	15.9	17.2	18.7	20.5
22	12.7	13.6	14.7	15.8	17.2	18.7	20.4
23	12.7	13.6	14.6	15.8	17.1	18.6	20.3
24	12.7	13.6	14.6	15.7	17.0	18.5	20.3

女孩出生至 24 月龄身长标准表

（cm）

月龄	−3SD 轻度生长迟缓	−2SD	−1SD	0SD	+1SD	+2SD	+3SD 偏高
				正常			
出生	43.6	45.4	47.3	49.1	51.0	52.9	54.7
1	47.8	49.8	51.7	53.7	55.6	57.6	59.5
2	51.0	53.0	55.0	57.1	59.1	61.1	63.2
3	53.5	55.6	57.7	59.8	61.9	64.0	66.1
4	55.6	57.8	59.9	62.1	64.3	66.4	68.6
5	57.4	59.6	61.8	64.0	66.2	68.5	70.7
6	58.9	61.2	63.5	65.7	68.0	70.3	72.5
7	60.3	62.7	65.0	67.3	69.6	71.9	74.2
8	61.7	64.0	66.4	68.7	71.1	73.5	75.8
9	62.9	65.3	67.7	70.1	72.6	75.0	77.4
10	64.1	66.5	69.0	71.5	73.9	76.4	78.9
11	65.2	67.7	70.3	72.8	75.3	77.8	80.3
12	66.3	68.9	71.4	74.0	76.6	79.2	81.7
13	67.3	70.0	72.6	75.2	77.8	80.5	83.1
14	68.3	71.0	73.7	76.4	79.1	81.7	84.4
15	69.3	72.0	74.8	77.5	80.2	83.0	85.7
16	70.2	73.0	75.8	78.6	81.4	84.2	87.0
17	71.1	74.0	76.8	79.7	82.5	85.4	88.2
18	72.0	74.9	77.8	80.7	83.6	86.5	89.4
19	72.8	75.8	78.8	81.7	84.7	87.6	90.6
20	73.7	76.7	79.7	82.7	85.7	88.7	91.7
21	74.5	77.5	80.6	83.7	86.7	89.8	92.9
22	75.2	78.4	81.5	84.6	87.7	90.8	94.0
23	76.0	79.2	82.3	85.5	88.7	91.9	95.0
24	76.7	80.0	83.2	86.4	89.6	92.9	96.1

女孩出生至 24 月龄体重标准表

（kg）

月龄	−3SD 中度体重不足	−2SD 轻度体重不足	−1SD	0SD	+1SD	+2SD	+3SD 超重或肥胖
出生	2.0	2.4	2.8	3.2	3.7	4.2	4.8
1	2.7	3.2	3.6	4.2	4.8	5.5	6.2
2	3.4	3.9	4.5	5.1	5.8	6.6	7.5
3	4.0	4.5	5.2	5.8	6.6	7.5	8.5
4	4.4	5.0	5.7	6.4	7.3	8.2	9.3
5	4.8	5.4	6.1	6.9	7.8	8.8	10.0
6	5.1	5.7	6.5	7.3	8.2	9.3	10.6
7	5.3	6.0	6.8	7.6	8.6	9.8	11.1
8	5.6	6.3	7.0	7.9	9.0	10.2	11.6
9	5.8	6.5	7.3	8.2	9.3	10.5	12.0
10	5.9	6.7	7.5	8.5	9.6	10.9	12.4
11	6.1	6.9	7.7	8.7	9.9	11.2	12.8
12	6.3	7.0	7.9	8.9	10.1	11.5	13.1
13	6.4	7.2	8.1	9.2	10.4	11.8	13.5
14	6.6	7.4	8.3	9.4	10.6	12.1	13.8
15	6.7	7.6	8.5	9.6	10.9	12.4	14.1
16	6.9	7.7	8.7	9.8	11.1	12.6	14.5
17	7.0	7.9	8.9	10.0	11.4	12.9	14.8
18	7.2	8.1	9.1	10.2	11.6	13.2	15.1
19	7.3	8.2	9.2	10.4	11.8	13.5	15.4
20	7.5	8.4	9.4	10.6	12.1	13.7	15.7
21	7.6	8.6	9.6	10.9	12.3	14.0	16.0
22	7.8	8.7	9.8	11.1	12.5	14.3	16.4
23	7.9	8.9	10.0	11.3	12.8	14.6	16.7
24	8.1	9.0	10.2	11.5	13.0	14.8	17.0

女孩出生至 24 月龄 BMI 值

月龄	−3SD	−2SD	−1SD	0SD	+1SD	+2SD	+3SD
	消瘦	偏瘦	正常			超重	肥胖
出生	10.1	11.1	12.2	13.3	14.6	16.1	17.7
1	10.8	12.0	13.2	14.6	16.0	17.5	19.1
2	11.8	13.0	14.3	15.8	17.3	19.0	20.7
3	12.4	13.6	14.9	16.4	17.9	19.7	21.5
4	12.7	13.9	15.2	16.7	18.3	20.0	22.0
5	12.9	14.1	15.4	16.8	18.4	20.2	22.2
6	13.0	14.1	15.5	16.9	18.5	20.3	22.3
7	13.0	14.2	15.5	16.9	18.5	20.3	22.3
8	13.0	14.1	15.4	16.8	18.4	20.2	22.2
9	12.9	14.1	15.3	16.7	18.3	20.1	22.1
10	12.9	14.0	15.2	16.6	18.2	19.9	21.9
11	12.8	13.9	15.1	16.5	18.0	19.8	21.8
12	12.7	13.8	15.0	16.4	17.9	19.6	21.6
13	12.6	13.7	14.9	16.2	17.7	19.5	21.4
14	12.6	13.6	14.8	16.1	17.6	19.3	21.3
15	12.5	13.5	14.7	16.0	17.5	19.2	21.1
16	12.4	13.5	14.6	15.9	17.4	19.1	21.0
17	12.4	13.4	14.5	15.8	17.3	18.9	20.9
18	12.3	13.3	14.4	15.7	17.2	18.8	20.8
19	12.3	13.3	14.4	15.7	17.1	18.8	20.7
20	12.2	13.2	14.3	15.6	17.0	18.7	20.6
21	12.2	13.2	14.3	15.5	17.0	18.6	20.5
22	12.2	13.1	14.2	15.5	16.9	18.5	20.4
23	12.2	13.1	14.2	15.4	16.9	18.5	20.4
24	12.1	13.1	14.2	15.4	16.8	18.4	20.3